猫 课 电 商 运 营 大 系

设计无忧
电商美工
Photoshop实战技术

视觉 | 装修 | 配色 | 字体
排版 | 海报 | 详情 | 移动端

刘畅◎编著

清华大学出版社
北京

内 容 简 介

本书从网店美工的实际工作要求出发，结合编者多年的网店设计经验和从业体会，详细解读淘宝天猫网店美工应掌握的Photoshop技术，以及网店装修与视觉设计的思维、方法和操作技巧，旨在帮助读者掌握网店美工装修与设计的精髓，快速提升网店美工设计能力。

全书共分为13章，具体内容包括熟悉网店美工的必备工具——Photoshop，使用Photoshop处理和美化商品图片，使用Photoshop抠取商品图片，使用Photoshop调整商品图片的色调，网店图片制作核心技术，网店的色彩设计，网店文字设计与图文版式设计，网店首页设计，网店海报设计，网店主图设计，商品详情页设计，网店首页装修，手机淘宝装修设计等。

本书是按照电商美工的日常工作流程和内容来编写的，内容丰富、实用，可作为网店美工新手以及想进一步提高设计技能的美工人员的自学参考书，也可作为中高职院校电子商务专业的相关教材，还可以作为各大电商培训机构的培训专用教材。

图书在版编目（CIP）数据

设计无忧：电商美工 Photoshop 实战技术 / 视觉 / 装修 / 配色 / 字体 / 排版 / 海报 / 详情 / 移动端 / 刘畅编著 . —北京：清华大学出版社，2021.10

（猫课电商运营大系）

ISBN 978-7-302-59143-6

Ⅰ.①设… Ⅱ.①刘… Ⅲ.①图像处理软件－教材Ⅳ.① TP391.413

中国版本图书馆 CIP 数据核字 (2021) 第 182825 号

责任编辑：栾大成
封面设计：杨玉兰
责任校对：胡伟民
责任印制：宋 林

出版发行：清华大学出版社

  网 址：http://www.tup.com.cn，http://www.wqbook.com

  地 址：北京清华大学学研大厦 A 座   邮 编：100084

  社 总 机：010-62770175   邮 购：010-83470235

  投稿与读者服务：010-62776969，c-service@tup.tsinghua.edu.cn

  质 量 反 馈：010-62772015，zhiliang@tup.tsinghua.edu.cn

印 装 者：北京博海升彩色印刷有限公司

经 销：全国新华书店

开 本：170mm×240mm   印 张：19.75   字 数：495 千字

版 次：2021 年 11 月第 1 版   印 次：2021 年 11 月第 1 次印刷

定 价：118.00 元

产品编号：084874-01

前　言

无论是独立电商站、淘宝天猫/京东/拼多多/微商/跨境电商店铺，还是近几年热门的抖音/快手电商等，都离不开店面的页面设计和产品的视觉营销。店铺赚不赚钱，除了选品和推广外，文字、图片及店铺装修等视觉传达效果也直接影响着买家对商品的认知和信任。可以这样说，店铺装修与视觉设计是店铺人气旺盛的关键因素之一。

网店装修设计不仅要掌握扎实的平面设计知识，还必须掌握一些网络视觉营销设计的相关知识。网店装修设计以提高店铺转化率和成交量为目的，它不仅要满足页面视觉设计的需求，还要兼顾视觉营销的需求。这就要求网店美工不仅要有色彩、构图、版式设计等美术功底做后盾，还要具有审美能力、执行能力、沟通能力和视觉营销能力。

对于网店美工新手而言，要想全面系统地熟悉网店装修的工作流程，掌握网店装修设计的实操技能是一件不容易的事情。为此，笔者总结自己十多年的电商视觉设计经验和从业体会，围绕网店美工的实操技能，编写了这本集方法与技能实操于一体的电商设计核心技术手册，旨在帮助读者掌握网店美工装修与设计的精髓，快速提升业务能力。

本书从网店美工的实际工作出发，详细解读网店美工必备的 Photoshop 技术，以及网店装修与视觉设计的思维、方法和操作技巧。

全书共分为 13 章，具体内容如下：

第 1 章：快速掌握网店美工的必备工具——Photoshop。

第 2 章：使用 Photoshop 处理和美化商品图片。

第 3 章：使用 Photoshop 抠取商品图片。

第 4 章：使用 Photoshop 调整商品图片的色调。

第 5 章：网店图片制作核心技术。拔掉 Photoshop 三根大刺：图层、形状工具与画笔、蒙版与滤镜。

第 6 章：网店色彩设计。配色基础、配色方法、配色工具、配色方案与应用。

第 7 章：网店文字设计与图文版式设计。

第 8 章：网店首页设计。

第 9 章：网店海报设计。

第 10 章：网店主图设计。主图三要素及设计要领。

第 11 章：商品详情页设计。

第 12 章：网店首页装修。店铺装修基础、店招装修、导航系统、切片并上传商品陈列、图片轮播、全屏海报。

第 13 章：手机淘宝装修设计。

配套资源

本书提供丰富的配套教学资源，不仅有与书中内容同步的海量操作视频，还有素材文件、效果文件、源文件等。读者可以采用图书和配套资源相结合的方式，在短时间内快速地学会网店装修与设计的方法和技巧。

观看视频操作

本书正文中仅保留关键步骤（如带参数的界面截图），整体设计流程请扫码观看视频，视频二维码在正文相关标题附近。

素材文件包下载

请读者翻到本页时，务必先扫码下载文件包备用，在讲解相关操作时需要用到素材包。

第1章

熟悉网店美工的必备工具——Photoshop

本章导读 ◎

作为一名电商美工，基本的工作职责除了处理和修饰美化商品图像外，还需要对页面进行视觉设计，以及对店铺进行装修等。这些工作都离不开专业图像处理软件——Photoshop。本章将介绍网店美工平时主要用到的 Photoshop 软件的基本操作方法与操作技巧，提高日常工作效率。

知识要点 ◎

- 了解网店美工的职能
- 熟悉网店美工应掌握的 Photoshop 核心技能
- 学习 Photoshop 软件的基本操作
- 提高工作效率的技能

1.1 一图看懂Photoshop与网店美工的关系

淘宝买家在淘宝上购物，一般通过图片、文字和评价来了解商品，美观的商品陈列和专业的页面设计能第一时间吸引买家的注意力，继而影响买家在店铺的停留时间以及最终是否会购买商品。所以，淘宝装修对于一个店铺来说是非常重要的。无论是店铺的店招、店标、海报还是商品主图等，其表示形式通过专业网店美工的制作和装修，无一不彰显店铺的专业度和品牌感，如图1-1所示。

图1-1 淘宝店铺首页

1.1.1 网店设计离不开Photoshop

目前，市面上的图像处理软件有很多，其中Photoshop是最常用、最流行、最专业的处理软件之一，被广泛用于平面设计、广告设计、绘画和影视后期等领域，其强大的图像处理功能和简单友好的操作界面，成为淘宝美工及平面设计师的最爱。

Photoshop（本书简称"PS"）是一款顶尖级的图像处理软件，由Adobe System开发和发行，它主要处理以像素所构的数字图像，其众多的编修和绘图工具，可以简便、高效率地进行图像编辑。由于Photoshop的出色表现，无论是专业的淘宝美工、平面设计师、网页设计师、摄影师、插画师，还是业余的摄影爱好者及美术爱好者，都可以使用它得到满意的图像处理效果。

从功能上看，Photoshop可分为图像编辑、图像合成、校色调色及功能色效制作等部分。图像编辑是图像处理的基础，该软件可以对图像进行各种变换，如放大、缩小、旋转、倾斜、透视、镜像等；也可进行去除斑点、修补和修饰图像的残损等。

通过图层操作、工具应用合成将几个图像进行完整的、传达明确意义的组合设计或合成，是平面设计的必备技能；Photoshop 提供的绘图工具可以将外来图像与创意进行很好地融合。

校色调色功能可以方便快捷地对图像的颜色进行明暗、色偏的调整和校正，也可以在不同的颜色模式中切换，以满足图像在不同领域的应用，如网页设计、印刷和多媒体。

Photoshop 还可以通过由滤镜、通道及其他工具的综合应用等完成特效制作。包括图像的特效创意和特效字的制作，其传统美术技巧也可由 Photoshop 制作，如油画、浮雕、石膏画、素描等。

Photoshop 支持多种不同的图像文件格式，常见的有 PSD、PSB（大型文档格式）、BMP、GIF、PDF、EPS、JPEG、PNG、TGA 和 TIFF 等，因此它们非常适合网店的装修、商品宝贝的设计和网页的图像制作。

1. 页面设计

网店的页面设计离不开 Photoshop，无论是美化商品图像、制作商品详情，还是海报的合成制作等，都需要用到该软件。好的设计不但能让买家深入了解商品，还能让人感受到店铺的专业度和十足诚意。如图 1-2 所示，为一款商品的详情描述图片。

图1-2　商品详情

2. 网店装修

在完成商品图片或海报的制作后，受网店平台和图片大小的限制，需要美工对其进行切割，然后才能上传至网店后台再组合展示。Photoshop 中的"切片"工具可以轻松实现切割效果，在本书后面章节会进行具体地介绍。

3. 视觉营销

随着淘宝平台的运营日渐成熟，店铺之间的竞争也越来越激烈。店铺运营根据各种营销活动要求，需要美工提供相对应的广告图片，例如直通车等。这种通过额外广告位来获取的买家流量，对其图片要求较高，是一种典型的视觉营销，图片质量完全决定了买家的点击率。如图 1-3 所示，为一款商品的直通图。

图1-3　直通车图片

1.1.2　网店美工应掌握的Photoshop核心技能

网店与传统门店最大的区别在于挑选商品时能否摸到实物，网店买家只能通过图片和评价来了解商品。因此，对于一个网店来说，店铺图片的质量是至关重要的。那么美工在日常工作中，需要掌握的技能主要有 4 种，下面将进行详细的介绍。

1. 图像美化处理技能

在网店美工的日常工作中，图像美化处理是最基本的必备技能之一。在商品拍摄过程中，经常会受商品本身或拍摄环境等因素影响，造成商品图像不够完美，这时候需要美工在后期使用 Photoshop 进行调整。如图 1-4 所示，为一款彩妆商品美化前后对比。

处理前　　处理后

图1-4　商品图像美化前后对比

2. 图像抠取（抠图）技能

使用 Photoshop 中的一种工具或多种工具，将需要的商品图像从图片背景中分离出来的过程叫图像抠取，这是后期处理商品图像的一个基础且重要的操作。在制作商品主图、海报等图片中，图像抠取是必须掌握的技能，因为这些图片中都将有商品融入合成。如图 1-5 所示，为一款商品图像的抠取前后（更换商品图像背景）对比。

3. 图像色彩处理技能

再好的拍摄设备，拍摄出来的商品图片都会存在色差问题。这是因为在拍摄过程中，由于光线或相机设置不到位，导致颜色偏色，或者商品图片整体偏暗或是偏亮，这时候可以利用 Photoshop 进行后期调整；或者根据实际需要更改商品的颜色。如图 1-6 所示，为一款商品图像色彩处理前后对比。

更换背景前　　　　更换背景后　　　　　　色彩处理前　　　　色彩处理后

图1-5　商品图像抠取前后对比　　　　　图1-6　图像色彩处理前后对比

4.图像特效合成技能

网店的海报图像几乎都是用商品和其他背景合成的，无论是简单的合成，还是复杂的掺入特效合成，相对于一张空白背景的商品图像，它更具美感和氛围，能最大程度提升点击率。如图 1-7 所示，为一张多款商品的合成海报。

图1-7　海报图像合成

1.2　Photoshop文档的基本操作

在进行一些复杂的图像设计操作前，我们需要先掌握图像文档的基本操作，基本功做好了，后续的学习会更顺利快速。

1.2.1　新建图像文件

在使用 Photoshop 制作商品图像文档前，需要先新建义档，制作完毕后，再进行保存，具体操作步骤如下：

第1步：打开 Photoshop，单击工作界面中的"新建"按钮，如图1-8所示。

第2步：在弹出的"新建文档"对话框中，选择左侧"您最近使用的项目"面板中"默认 Photoshop 大小"选项，在右侧的"预设详细信息"面板中设置相关参数，并单击"创建"按钮，即可新建图像文件，如图1-9所示。

图1-8　新建文件　　　　　　　　　　　　图1-9　设置相关参数

1.2.2　打开商品图像

新建图像文档后，我们将需要导入的商品图像先在文档窗口中打开，具体操作步骤如下：

第1步：选择"文件"|"打开"菜单项，如图1-10所示。

第2步：在弹出的"打开"对话框中，按 Ctrl+A 组合键选择全部商品图像，并单击"打开"按钮，即可打开商品图像，如图1-11所示。

图1-10　选择菜单项　　　　　　　　　　图1-11　打开商品图像

1.2.3 图像窗口操作（排列、切换、移动）

在打开多个图像文档时，文档窗口就会显得杂乱，这时可以对图像窗口进行相关排列，具体操作步骤如下：

第 1 步：选择"窗口"|"排列"|"四联"菜单项，如图 1-12 所示。

第 2 步：此时工作窗口中的四个图像文档并队排列，单击其中任何一个图像文档，即将其切换成当前窗口，如图 1-13 所示。

图1-12　选择菜单项

图1-13　选择图像文档

小技巧　按 Ctrl+Tab 组合键可以切换当前窗口。

第 3 步：单击"新茶背景"图像文档，选择"窗口"|"排列"|"在窗口中浮动"菜单项，如图 1-14 所示。

第 4 步："新茶背景"图像文档将浮动在窗口中，按住鼠标左键并拖曳，即可移动窗口，如图 1-15 所示。

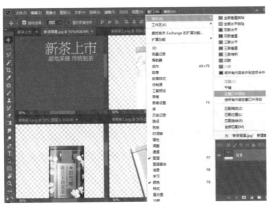

图1-14　选择菜单项

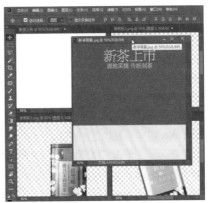

图1-15　移动窗口

小技巧　单击图像文档名称，并按住鼠标左键进行拖曳，可快速将该文档窗口浮在工作窗口上。

1.2.4　导入素材图像

如何将打开的图像导入到另一个工作文档，操作非常简单，具体操作步骤如下：

第 1 步：单击"新茶背景"图像，按住鼠标左键拖曳到"新茶上市"文档窗口中，松开鼠标即可导入图像，如图 1-16 所示。

第 2 步：单击"新茶背景"图像文档右上侧的"关闭"按钮，即可将用完的图像文档关闭，如图 1-17 所示。

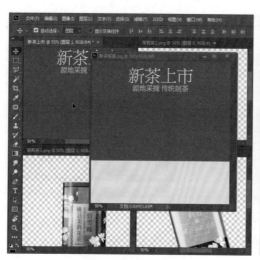

图1-16　拖曳导入图像

图1-17　关闭图像文档

提示　及时关闭使用完的图像文档，不但能让工作窗口看起来整洁，而且还能释放 Photoshop 软件一部分工作内存。

1.2.5　使用标尺与参考线编辑商品图像

Photoshop 中的参考线工具可以辅助我们调整图像位置。如果发现商品图像角度倾斜，可以使用标尺工具和参考线来快速调整角度，具体操作步骤如下：

第 1 步：将鼠标指针移至"新茶上市"文档的右侧窗体上，按住鼠标左键拖曳窗体即可调整文档窗口宽度，调整完毕后将该文档窗口的高度也进行相应调整，如图 1-18 所示。

第 2 步：单击"茉莉茶 1"图像文档名称，并按住鼠标左键进行拖曳，快速将该文档窗口浮在工作窗口上，如图 1-19 所示。

第 3 步：选择"视图"|"标尺"菜单项，当前窗口即可显示参考线标尺，如图 1-20 所示。

图1-18　调整文档窗口　　　　　　　　　图1-19　移动窗口

第4步：将鼠标指针移至左侧的参考线标尺上，并按住鼠标左键，往右拖曳至合适位置松开鼠标，即可绘制一条参考线，如图1-21所示。

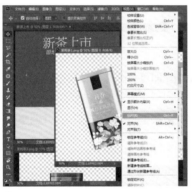

图1-20　选择菜单项　　　　　　　　　图1-21　绘制参考线（1）

第5步：重复步骤4，从左侧拖曳一条参考线至合适位置，如图1-22所示。

第6步：重复步骤4、5，从上侧拖曳两条参考线至合适位置，如图1-23所示。

图1-22　绘制参考线（2）　　　　　　　　图1-23　绘制参考线（3）

第7步：单击工具箱中的"吸管"工具右下方的三角按钮 ，在弹出的下拉列表框中选择"标尺工具"选项，如图1-24所示。

第8步：将鼠标移动至左下侧的参考线交叉处，并按住鼠标左键不放，拖曳至右上侧的参考线交叉处，松开鼠标即可绘制一根标线，如图1-25所示。

| 图1-24　选择"标尺工具" | 图1-25　绘制标线 |

第9步：单击工具选项栏中的"拉直图层"按钮，即可将图像角度拉直至水平线，如图1-26所示。

第10步：将"茉莉茶1"图像文档拖曳导入至"新茶上市"文档窗口中，并调整至适当位置，如图1-27所示。

| 图1-26　拉直图层 | 图1-27　拖曳导入图像 |

1.2.6　图像的缩放操作

当需要对图像文档中的单个商品进行缩放时，可以使用 Photoshop 中的缩放工具，下面将详细介绍具体步骤：

第1步：将"茉莉茶3"图像文档调整浮在工作窗口上，并单击"新茶上市"图像文档背景，如图1-28所示。

第2步：将"茉莉茶3"图像文档拖曳导入至"新茶上市"文档窗口中，并调整至适当位置，如图1-29所示。

图1-28 移动窗口

图1-29 拖曳导入图像

第3步：重复步骤1、2，将"茉莉茶2"图像文档拖曳导入至"新茶上市"文档窗口中，如图1-30所示。

第4步：选择"编辑"|"变换"|"缩放"菜单项，该图像四周将出现缩放变形框，如图1-31所示。

图1-30 拖曳导入图像

图1-31 选择菜单项

小技巧 按 Ctrl+T 组合键，也可调出缩放变形框。

第 5 步：将鼠标指针移至变形框左侧上方的控制节点上，按住 Shift 键，并调整右侧上、下控制节点，可等比例对图像大小进行调整，如图 1-32 所示。

第 6 步：调整完后，松开 Shift 键，并按 Enter 键即可完成操作，如图 1-33 所示。

图1-32　调整控制节点　　　　　　　　　　图1-33　确认调整

1.2.7　保存图像文件

在所有操作完成后，需要保存文件，具体操作步骤如下：

第 1 步：选择"文件"|"存储"菜单项，如图 1-34 所示。

第 2 步：在弹出的"另存为"对话框中，选择文件存储位置，设置相关参数，并单击"保存"按钮，如图 1-35 所示。

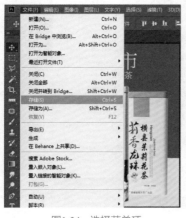 

图1-34　选择菜单项　　　　　　　　　图1-35　"另存为"对话框

提示　在"保存类型"下拉列表中有十几种文档格式可供选择，可根据实际需要进行保存。

第3步：在弹出的"Photoshop格式选项"对话框中，单击"确定"按钮，即可保存图像文档，如图1-36所示。

为防止突然计算机断电或者软件崩溃，建议每操作一段时间后及时按 Ctrl+S 组合键保存图像文档。

图1-36 "Photoshop格式选项"对话框

1.3 提高Photoshop工作效率的操作技能

在掌握好基本的软件操作后，加入学习一些 Photoshop 软件的操作小技能，能进一步提升对软件的熟练度，并能大大提高工作效率。

1.3.1 提高Photoshop工作效率的方法与技巧

Photoshop 是一款顶尖级的平面处理软件，正因为其强大的操作功能，无论是美化图像、调整色调、设计合成还是绘画等，都可以使用它得到满意的效果。那么，怎么样才能快速提升淘宝美工对 Photoshop 的熟悉度呢？下面介绍两种方法。

1. 熟练掌握 Photoshop 的常用工具与命令操作

俗话说"工欲善其事，必先利其器"，对软件的熟悉度决定了是否能快速找到相应的工具或命令。

首先需要熟悉 Photoshop 的界面构成，Photoshop 的工作界面就是一个图像编辑操作平台，主要由菜单栏、工具选项栏、工具箱、文档窗口和面板组等组成，其界面简洁，操作方便，给操作者提供了一个高工作效率的设计舞台，如图 1-37 所示。

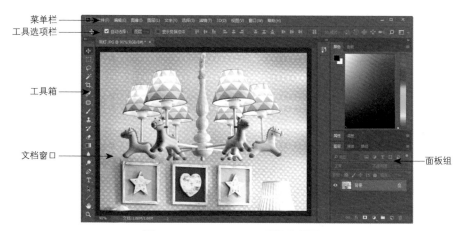

图1-37 Photoshop CC 2018版工作界面

在熟悉工作界面后，可以选取相应的工具或者命令进行自由操作，或者根据本书案例多进行操作，在例子中掌握工具和命令对应的操作。

2. 善用 Photoshop 的快捷键以提高工作效率

在熟悉工具和命令等位置和相应的操作后，可以加强快捷键的使用频率，快捷键能进一步提升工作效率。

常用工具箱工具快捷键请扫码查询：

1.3.2　快速找到需要的图层

Photoshop 的图层就像含有图像或文字等元素的透明胶片，一张张按顺序叠放在一起。一个完整的图像文档，都是由多个图层组合成的，越复杂的图像文档图层越多，如何快速找到需要的图层，下面将进行详细地介绍，具体操作步骤如下：

第 1 步：打开素材包 \ 素材文件 \ 第 1 章 \1.3\ "选择图层"图像文档，勾选工具选项栏中的"自动选择"复选框，并选择"图层"，如图 1-38 所示。

第 2 步：单击选择文档中的文字，即可自动选择右侧的"图层"面板中的"文字"图层，如图 1-39 所示。

图1-38　勾选复选框

图1-39　选择图层

1.3.3　快速对齐对象

在处理图像文档时，经常需要将多个商品商品对齐，如果手动一步步移动，很难完全对齐，下面将介绍如何快速对齐图像，具体操作步骤如下：

第 1 步：打开素材包 \ 素材文件 \ 第 1 章 \1.3\ "对齐对象"文档，单击选中左侧的果汁图像，按住 Shift 键，再选中右侧的果汁图片，两个对象图层都被选中，如图 1-40 所示。

第 2 步：单击工具选项中的"底对齐"按钮，即可对齐对象，如图 1-41 所示。

图1-40　选择图像对象　　　　　　　　　　图1-41　设置"底对齐"

提示　选择图像对象还可以使用选择图层的方法。如果是选择不连续的图层，在单击选中图层时须同时按住 Ctrl 键；如果是选择连续的图层，须同时按住 Shift 键。

1.3.4　快速复制商品图像

在使用 Photoshop 的过程中，常常会用到复制功能，下面将介绍一种快速复制图像的方法，具体操作步骤如下：

第 1 步：打开素材包 \ 素材文件 \ 第 1 章 \1.3\"复制图像"文档，单击选中右侧的西瓜饮料图像，如图 1-42 所示。

第 2 步：按住 Alt+ 鼠标左键往左侧拖曳，即可复制该商品图像，如图 1-43 所示。

图1-42　选择图像对象　　　　　　　　　　图1-43　复制图像对象

小技巧 快速复制商品图像还有另一种方法，按 **Ctrl+Enter** 组合键即可复制当前图层里的图像。

1.3.5 快速变换商品图像

针对拍摄过程中变形的图像，在 Photoshop 中可通过"变换"菜单项来进行矫正，具体操作步骤如下：

第 1 步：打开素材包 \ 素材文件 \ 第 1 章 \1.3\"变换图像"文档，单击选中左侧的小球图像，如图 1-44 所示。

第 2 步：选择"编辑"|"变换"|"扭曲"菜单项，如图 1-45 所示。

图1-44　选择图像对象　　　　　　　　图1-45　选择菜单项

第 3 步：将鼠标指针移至拖曳框右侧上方的控制节点上，根据需要调整控制节点，如图 1-46 所示。

第 4 步：重复步骤 3，将鼠标指针移至拖曳框左侧上方的控制节点上进行调整，然后按 Enter 键确认变换，如图 1-47 所示。

图1-46　调整图像　　　　　　　　图1-47　调整图像

1.3.6　用批处理命令批量修改图片大小和文件名

当多个图像文件需要执行相同的操作处理时，可以使用批处理命令来快速度实现同一个或多个动作，具体操作步骤如下：

第 1 步：打开素材包 \ 素材文件 \ 第 1 章 \1.3\ "批量处理大小" 文档，选择 "窗口" | "动作" 菜单项，如图 1-48 所示。

第 2 步：在弹出的 "动作" 面板中单击 "创建新动作" 按钮，如图 1-49 所示。

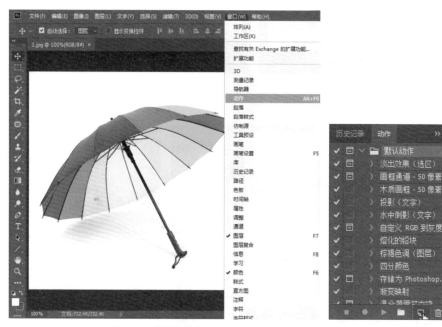

图1-48　选择菜单项　　　　　　　　图1-49　"动作" 面板

第 3 步：在弹出的 "新建动作" 对话框中，设置动作名称，并单击 "记录" 按钮，如图 1-50 所示。

第 4 步：选择 "图像" | "图像大小" 菜单项，如图 1-51 所示。

第 5 步：在弹出的 "图像大小" 对话框中，设置图像参数，并单击 "确定" 按钮，如图 1-52 所示。

图1-50　"新建动作" 对话框

第 6 步：单击 "动作" 面板中的 "停止播放 / 记录" 按钮，结束动作，如图 1-53 所示。

第 7 步：选择 "文件" | "自动" | "批处理" 菜单项，如图 1-54 所示。

第 8 步：在弹出的 "批处理" 对话框中的 "动作" 右侧的下拉列表中选择 "批处理大小" 选项，并单击 "选择" 按钮，如图 1-55 所示。

图1-51　选择菜单项　　　　　　　　　　图1-52　"图像大小"对话

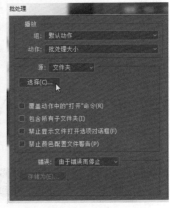

图1-53　"动作"面板　　　　图1-54　选择菜单项　　　　图1-55　"批处理"对话框

第9步：在弹出的"浏览文件夹"对话框中，选择需要批处理的源文件夹，并单击"确定"按钮，如图1-56所示。

第10步：返回"批处理"对话框，单击"目标"区域下方的"选择"按钮，如图1-57所示。

图1-56　"浏览文件夹"对话框　　　　图1-57　"批处理"对话框

第 11 步：在弹出的"浏览文件夹"对话框中，选择图像批处理后的目标文件夹，并单击"确定"按钮，如图 1-58 所示。

第 12 步：返回"批处理"对话框，在"文件命名"区域设置文件名，并单击"确定"按钮，如图 1-59 所示。

图1-58 "浏览文件夹"对话框 　　图1-59 "批处理"对话框

第 13 步：在弹出的"JPEG 选项"对话框中，设置图像品质参数，并单击"确定"按钮，如图 1-60 所示。

第 14 步：此时系统将自动更改保存图像文件，然后重复弹出"JPEG 选项"对话框，继续单击"确定"按钮，直至所有的图像文件处理完毕，如图 1-61 所示。

图1-60 "浏览文件夹"对话框 　　　　图1-61 "批处理"对话框

高手秘笈

技巧 1：优化系统运行设置

Photoshop 在运行一段时间后，经常会出现运行缓慢、卡顿等现象，此时，除了更新电脑的硬件配置和优化操作系统等办法外，还可以对 Photoshop 进行性能优化。性能优化有四个方法，下面将分别详细讲解。

1. 设置首选项性能

优化软件系统内存等设置都可以在"首选项性能"中进行更改，具体操作步骤如下：

第1步：打开 Photoshop，选择"编辑"|"首选项"|"性能"菜单项，如图 1-62 所示。

第2步：在弹出的"首选项"对话框中，将"内存使用情况"区域下方的内存设置成相对高的数值，并将"历史记录与高速缓存"区域中的"历史记录状态"设置成30，如图 1-63 所示。

图1-62　选择菜单项

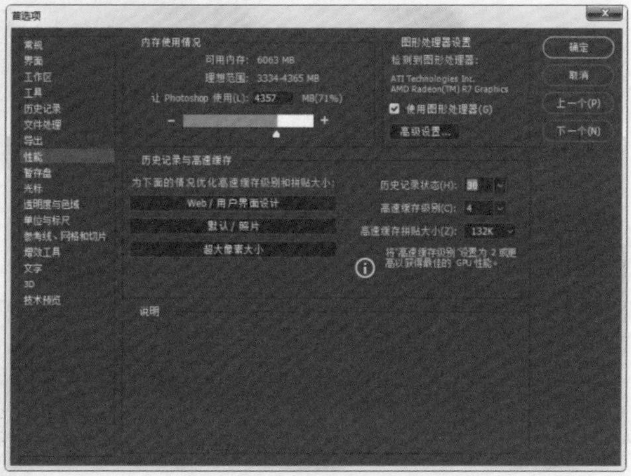

图1-63　"首选项"对话框

第3步：单击左侧的"暂存盘"选项卡，可根据需要分别勾选其他驱动器前的复选框，并单击"确定"按钮，完成设置，如图 1-64 所示。

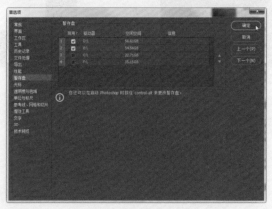

图1-64　"首选项"对话框

提示　C 盘作为系统盘，暂存盘不要设置在该盘上，会导致系统变慢，应该选用空间大的其他驱动器作为暂存盘。

2. 更改文字预览

如果操作系统安装了过多的字体，在使用 Photoshop 中的字体工具时就会出现卡顿。此时，更改文字的预览大小，卡顿现象就能得到改善，具体操作步骤如下：

选择"文字"|"文字预览大小"|"小"菜单项，如图 1-65 所示。

3. 快速清除内存

Photoshop 使用时间过长时，除了关闭软件可以释放内存外，还可以使用菜单项命令的方法，具体操作步骤如下：

选择"编辑"|"清理"|"全部"菜单项，如图 1-66 所示。

图1-65　关闭文字预览　　　　图1-66　清除内存

4. 关闭图层缩略图

在"图层"面板中，图层前都会有一个当前图层内容的预览缩略图，这个缩略图是占用内存的，可以选择关闭，具体操作步骤如下：

第1步：单击"图层"面板右侧上选项按钮▤，在弹出的下拉列表中选择"面板选项"，如图 1-67 所示。

第2步：在弹出的"图层面板选项"对话框中，单击"无"选项前的单选框，并单击"确定"按钮，即可关闭图层缩略图，如图 1-68 所示。

图1-67　设置选项　　　　图1-68　"图层面板选项"对话框

技巧 2：使用智能参考线

在移动、复制或绘制图像时，Photoshop 的智能参考线，会根据一定规律自动建立参考线辅助操作，下面将详细介绍如何使用智能参考线，具体操作步骤如下：

第 1 步：开光盘\素材文件\第 1 章\高手秘笈\"智能参考线"文档，选择"视图"|"显示"|"智能参考线"菜单项，如图 1-69 所示。

第 2 步：选择"编辑"|"首选项"|"参考线、网格和切片"菜单项，如图 1-70 所示。

图1-69　选择菜单项　　　　　　　图1-70　选择菜单项

第 3 步：此时，将弹出的"首选项"对话框，设置智能参考线为"浅红色"，并单击"确定"按钮，如图 1-71 所示。

第 4 步：按住 Alt 键，单击选中铅笔图像并拖曳至合适的位置，如图 1-72 所示。

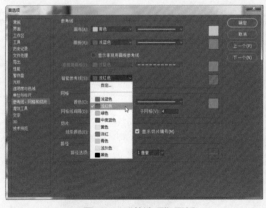
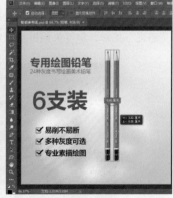

图1-71　"首选项"面板　　　　　　图1-72　复制图像

第5步：重复步骤4复制铅笔图像，这时智能参考线会根据上一步操作，自动给出相关数据和辅助线，如图1-73所示。

第6步：重复步骤4，复制出5支铅笔图像即可，如图1-74所示。

图1-73　复制铅笔图像　　　　　　　　图1-74　复制铅笔图像

技巧3：给商品图像添加注释

注释工具是一个给图片添加备注或解释的工具。当一张图像需要多人合作完成时，可以在图像上需要处理的部分添加注释，方便他人操作。下面将介绍注释的添加、颜色更改和删除的详细步骤，具体操作如下：

第1步：开光盘\素材文件\第1章\高手秘笈\"添加注释"文档，单击工具箱中的"吸管"工具右下方的三角按钮，在弹出的下拉列表框中选择"注释工具"选项，如图1-75所示。

第2步：在合适的位置，单击鼠标添加注释，在"注释"面板输入相关文字，并在工具选项栏中单击颜色右侧的色块，如图1-76所示。

图1-75　复制铅笔图像　　　　　　　　图1-76　复制铅笔图像

第3步：在弹出的"拾色器"对话框中，选择需要的颜色，并单击"确定"按钮即可更改注释颜色，如图1-77所示。

第4步：如果需要删除注释，可选择图像中注释标志，单击鼠标右键，在弹出的快捷菜单中选择"删除注释"选项，如图1-78所示。

图1-77　"拾色器"对话框

图1-78　删除注释

技巧4：测量商品图像尺寸

"标尺工具"除了可以矫正图像角度以外，还可以测量商品图像尺寸，具体操作步骤如下：

第1步：开光盘\素材文件\第1章\高手秘笈\"测量尺寸"文档，选择工具栏中的"标尺工具"，如图1-79所示。

第2步：选择"编辑"|"首选项"|"单位与标尺"菜单项，如图1-80所示。

图1-79　选择"标尺工具"

图1-80　选择菜单项

设计无忧 电商美工Photoshop实战技术

第3步：在弹出的"首选项"对话框中，根据需要设置标尺的单位为"毫米"，并单击"确定"按钮，如图1-81所示。

第4步：在测量起点单击鼠标并按住鼠标左键拖曳，在测量终点松开鼠标，即可绘制一根标线，此时，可以在"工具选项栏"中看到该标线的角度A和长度L1，如图1-82所示。

图1-81 "首选项"对话框

图1-82 绘制标线

第5步：按住Alt键，从标线终点单击鼠标并按住鼠标左键再次拖曳，绘制第二根标线，此时，可以在工具选项栏中看到该标线的长度L2，如图1-83所示。

第6步：单击第一根标线的起点，按住鼠标左键进行拖曳，即可调整标线的角度和长度，如图1-84所示。

图1-83 绘制标线

图1-84 调整标线位置

第7步：单击工具选项栏中的"清除"按钮，即可清除所有标线，如图1-85所示。

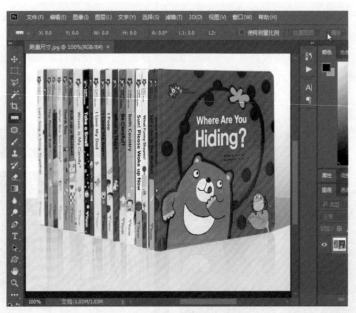

图1-85　清除标线

职场作业——删除参考线

在借助参考线处理完图片后，删除拖曳出来的参考线有利于体现图像的整体感，那么如何删除参考线呢？

步骤提示：反向操作绘制参考线和显示参考线的步骤。

图1-86　删除参考线前后效果对比

第2章

使用Photoshop处理和美化商品图片

本章导读 ◎

在掌握 Photoshop 一些基本操作后，需逐步过渡掌握图片的尺寸及简单的美化处理。本章将介绍 Photoshop 处理和美化图片的基本操作，引导大家快速掌握这些基础技能。

知识要点 ◎

- 调整商品图片的大小与分辨率
- 调整商品图片的角度
- 对商品图片进行裁剪
- 清除商品图片中的文字信息
- 去除商品图像背景上的杂物
- 虚化商品背景以更加突出商品
- 使用锐化工具让商品更清晰
- 使用修补工具修补商品图像
- 去除商品图片上的水印

2.1 熟悉Photoshop网店图像处理的工作内容

受拍摄设备、环境光线和商品本身等因素影响，商品在拍摄后，其图片都需要在后期使用 Photoshop 进行调整或美化。

2.1.1 常见网店图片处理工作的基本内容

电商美工在处理商品图片时，其工作内容主要包括调整商品图片大小、角度，美化图片（包括但不限于修复商品图片、清除商品图片上的文字信息、去除背景杂物、去除水印、添加水印、给商品添加投影等）。这些都是最基本的图像处理工作，需要熟练掌握。

2.1.2 熟悉Photoshop图像处理的常用工具

在调整商品图片尺寸和角度时，用得较多的是菜单命令；美化商品图片时，用得较多的是"仿制图章"工具、"橡皮擦"工具、"污点修复"工具等。在本章中，将通过实例操作，来深入掌握这些命令和工具的使用。

2.2 调整商品图片的大小与分辨率

在淘宝店铺中，精美的商品图像往往能吸引买家的目光，引导买家继续浏览。这也是决定商品销售量高低的一个重要因素。那么什么样的商品才称得上精美，合适的拍摄角度、大小适宜的图片尺寸和清晰度（分辨率）都是必不可少的。

2.2.1 网店商品图片的尺寸要求

淘宝店铺分为两种，一种是个人卖家对个人买家，即 C2C（Customer to Customer），就是我们通常所说的淘宝 C 店；另一种是公司卖家对个人买家，即 B2C（Business to Customer），就是大家经常所说的天猫店。在这两种店铺中，商品主图的尺寸都是相同的，基本尺寸有 310 像素 ×310 像素、400 像素 ×400 像素、500 像素 ×500 像素和 800 像素 ×800 像素等，商品主图采用 800 像素 ×800 像素的自带放大镜功能。

1. 网店店铺图片的尺寸规范

在淘宝 C 店中，PC 端详情尺寸宽度是 750 像素，高度不限；手机端详情尺寸无强制要求，可以保持跟 PC 端基本一致，但由于手机端的图片会自动缩放，在编辑图片尺寸和文字时，应适当调整大一点。

在天猫店铺中，PC端详情页的尺寸宽度是790像素，高度不限；手机端详情页的单张图片宽度为750～1242像素，高度为不超过1546像素，由于手机端的图片会自动缩放，在编辑图片尺寸和文字时，应将其适当调大一点。

2. 网店店铺图片格式与大小

网店店铺的图片格式通常为JPG、GIF、PNG三种。网络图片的分辨率通常为72像素，大小通常是没有限制的，但为了买家能快速地浏览图片，应控制其大小。网店各类图片的尺寸、大小与格式详见表2-1。

表2-1　图片的尺寸、大小与格式

图片类型	尺寸	大小	格式
背景图片	宽度为1920像素，高度视情况而定	≤100k	JPG、GIF
商品主图	基本规格：310像素×310像素，大于800像素×800像素就有放大镜功能	不限	JPG、GIF
商品描述图	宽度是750像素（天猫店为790像素），高度不限	不限	JPG、GIF
店招	旺铺：950像素×150像素	不限	JPG、GIF、PNG
侧栏图片	宽度为190像素，高度不限	不限	JPG、GIF

2.2.2 实例——调整商品图片尺寸

■ **案例导入**

电商美工想必大家都知道，网店对于商品尺寸的要求是非常严格的，不管是首页还是详情页，每个展示的图片都有相应的尺寸要求，因此，网店美工要编辑处理商品图片时首先要了解此图片的用途，方可按其规定的尺寸大小来进行编辑处理。

我们拍摄的商品图片通常分辨率很高，图片尺寸自然是很大的，无法直接使用，必须根据我们的需要先对图片进行修图处理，才能使用。

■ **技术要点**

执行命令："图像"→"图像大小"

■ **案例步骤**

下面我们将拍摄的商品图片制作成400像素×400像素的主图图片，其具体操作步骤如下：

第1步：打开素材包\素材文件\第2章\2.1\"调整尺寸"图像文件，选择"图像"|"图像大小"菜单项，如图2-1所示。

第2步：在弹出的"图像大小"对话框中，将宽度、高度参数分别设置为400像素，如图2-2所示。

图2-1　选择菜单项

提示 调整图片大小时，一定要锁定图片长宽比例，否则会因为长宽比例绽放而导致图片的变形。

第3步：单击"确定"按钮，调整图像大小即完成，如图2-3所示。

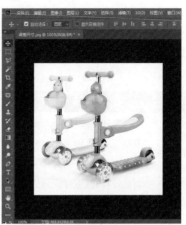

图2-2 "图像大小"对话框　　　　　图2-3 调整尺寸

■ **案例效果**

如图2-4所示。

处理前　　　　　　　　处理后

图2-4 案例效果

2.2.3 实例——调整商品画布尺寸

■ **案例导入**

画布是指当前图像文件的显示画面，调整画布大小与裁剪图像的功能相类似，但是调整画布尺寸的中心点受一定限制，调整画布尺寸只改变图像文件的显示区域，并不改变图像本身的大小。

拍摄好的商品图片如果是背景过于空旷，不能更好地突出商品图片，这时就可以通过调整商品图片的背景尺寸（画布尺寸）来解决这一问题。

■ **技术要点**

执行命令：“图像”→“图像大小”

■ **案例步骤**

调整图像画布尺寸大小的具体步骤如下：

第1步：打开素材包\素材文件\第2章\2.1\“调整画布”图像文档，选择“图像”|“画布大小”菜单项，如图2-5所示。

第2步：在弹出的“画布大小”对话框中，将宽、高度参数分别设置为800像素，并单击“确定”按钮，如图2-6所示。

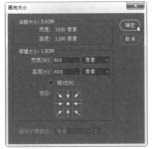

图2-5　选择菜单项　　　　图2-6　“画布大小”对话框

第3步：此时，软件系统将弹出提示对话框，单击“继续”按钮，如图2-7所示。

第4步：确认操作后，图像窗口画布将被调整，如图2-8所示。

图2-7　系统提示对话框　　　　图2-8　确认调整

■ **案例效果**

如下图所示。

处理前　　　　　　　　　　　处理后

图2-9　案例效果

提示　处理前的商品图像在画面中偏左，且画面的上下空余空间较大，整个画面不大气，而通过调整画布大小后就可以让商品图像位于画面的中央，且能突显商品，画面变大气了。本案例也可以通过"裁剪"工具 对图片进行裁剪来达到这一效果，即使用裁剪工具裁去商品图片四周多余的空白区域，这样可以让裁剪后的图片的画面充满整个画布，更能突出商品图像。

2.2.4　实例——调整商品图像分辨率

■ **案例导入**

图像分辨率是指图像中存储的信息量，即每英寸图像内含有多少个像素点，分辨率的单位为PPI（Pixels Per Inch，像素每英寸）。图像的分辨率越高图像就越清晰，在日常工作中，可以使用Photoshop来改变图像分辨率，从而改变图像的清晰度。

提示　图像分辨率和图像尺寸共同决定了图像文件的大小及输出质量，它们的值越大则图形文件所占用的磁盘空间也就越多。如果保持图像的尺寸不变，将图像的分辨率提高一倍，则图像文件的大小将增大为原来的四倍。

图像文件的用途不同，分辨率要求也不同，一般冲洗打印图像的分辨率要求为300像素或以上，网页平台的图片要求在72像素左右，这样便可提高网店页面的打开速度，给购买者一个愉快的购物体验。分辨率越高，图像越清晰。Photoshop是位图处理软件，图像的分辨率一旦调低之后就不能再调高了，否则图像会变模糊。

■ **技术要点**

执行命令："图像"→"图像大小"→"分辨率"

■ **案例步骤**

调整图像分辨率的具体步骤如下：

第1步：打开素材包\素材文件\第2章\2.1\"调整分辨率"图像文档，选择"图像"|"图像大小"菜单项，如图2-10所示。

第2步：在弹出的"图像大小"对话框，重新设置分辨率为100像素，如图2-11所示。

图2-10　选择菜单项

图2-11　"图像大小"对话框

> **提示**　像素 = 分辨率 × 尺寸，所以更改分辨率就会更改图像大小。如果需要尺寸不变，只调整像素大小，建议在新建文档时，直接设置需要的分辨率，再将图像导入该文档编辑。

第3步：单击"确定"按钮，即完成图像分辨率的调整，如图2-12所示。

图2-12　调整分辨率

■ **案例效果**

如下图所示。

处理前　　　　　　　　　　　　　处理后

图2-13　案例效果

2.3　调整商品图片的最佳角度

一张商品图片如何摆拍才称得上最佳的角度？我们不但要从图片的整体美观度，还要从想表达的意境中着手考虑。

1. 为什么要调整商品图片角度

在实际的商品拍摄工作中，由于拍摄的商品图片角度不一，或者在制作海报、详情等设计中，需用到特殊角度的商品图片，都可以使用 Photoshop 来进行调整。这些基础的调整，不但能表现出视觉舒适感和美感，还能进一步突出商品主体。

2. 调整图片角度的常用方法

调整商品图片角度的方法有两种，一种是手动调整任意角度，另一种是设置相应的度数达到自动精准调整。

2.3.1　实例——手动调整任意角度

■ **案例导入**

手动调整通常用于对图片进行任意角度的调整，主要是通过制作者的肉眼观察来调整商品的角度，比如调整图片有一定倾斜的商品。

■ **技术要点**

执行命令："编辑"→"变换"→"旋转"

■ **案例步骤**

手动调整任意角度的方法非常简单，其具体步骤如下：

第1步：打开素材包\素材文件\第2章\2.2\"调整任意角度"图像文档，按Ctrl+T组合键，进入变形框编辑模式，如图2-14所示。

第2步：单击鼠标并按住拖曳变形框中心点至下侧中心，如图2-15所示。

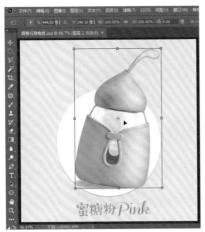
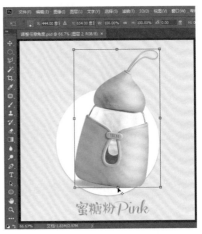

图2-14　按Ctrl+T组合键　　　　　　　　　图2-15　调整中心点

提示 选择"编辑"|"变换"|"旋转"菜单项，也可调出旋转变形框。

第3步：将鼠标指针移至变形框右上侧的控制节点周围，鼠标指针变成可旋转形状 ⤾，往右旋转至合适位置，如图2-16所示。

第4步：按Enter键完成任意角度的调整，如图2-17所示。

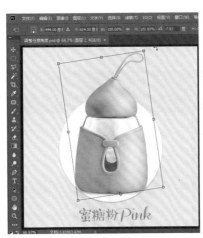

图2-16　旋转图像　　　　　　　　　　　图2-17　完成操作

提示 变形中心点的作用是在变形过程中，以它为中心进行旋转，变形框上有9个节点，可根据需要对9个节点进行调整。

■ **案例效果**

处理前 处理后

图2-18 案例效果

2.3.2 实例——自动调整精准角度

■ **案例导入**

自动调整精准角度就是在变形工具选项栏的"旋转"输入框中设置要调整的角度，通常用于精准角度的调整，比如将一个物体相对另一个参考物体旋转指定的角度（25°）。

■ **技术要点**

执行命令："编辑"→"变换"→"旋转"→"指定角度"

■ **案例步骤**

操作步骤如下：

第1步：打开素材包\素材文件\第2章\2.2\"调整精准角度"图像文档，单击选择左侧的粉色口红，按Ctrl+T组合键，进入变形框编辑模式，如图2-19所示。

第2步：在工具选项栏的设置旋转输入框中输入调整的度数（-25°），如图2-20所示。

图2-19 按Ctrl+T组合键

图2-20 设置旋转度数

提示 在设置旋转框中，负数表示图像将进行逆时针旋转，正数表示顺时针旋转。

第3步：按 Enter 键完成精准角度的调整，如图 2-21 所示。

第4步：重复以上步骤，将右侧的橙色口红调整角度为 25 度，最终效果如图 2-22 所示。

图2-21　确认操作　　　　　　　　图2-22　最终效果

■ **案例效果**

处理前　　　　　　　　　　处理后

图2-23　案例效果

2.4 对商品图片进行裁剪

　　如何快速地裁剪商品图片中多余的某一部分，"裁剪"工具可以实现这一功能，这也是我们在处理图片时最为常用的功能之一，需要熟悉掌握，其操作非常简单。

　　裁剪商品图片的方法有两种，一种是手动裁剪，另一种是设置相应的数据精准裁剪。

2.4.1 实例——手动裁剪商品图像

■ **案例导入**

当我们需要商品图像中的某个对象时,可以使用"裁剪"工具对其进行单独裁剪。

■ **技术要点**

执行命令:"编辑"→"变换"→"旋转"→"指定角度"

■ **案例步骤**

操作步骤如下:

第1步:打开素材包\素材文件\第2章\2.4\"手动裁剪"图像文件,选择工具箱中的"裁剪"工具 ,如图2-24所示。

第2步:此时图像窗口变成了裁剪框,单击鼠标左键并按住选择一个控制节点拖曳,即可根据需要不受限制裁剪图像,如图2-25所示。

第3步:调整控制节点,达到合适的大小后按Enter键确认裁剪,如图2-26所示。

图2-24 打开图像文件　　　　图2-25 裁剪图像　　　　　图2-26 确认操作

■ **案例效果**

处理前　　　　　　　　处理后

图2-27 案例效果

2.4.2 实例——准确裁剪商品图像

■ **案例导入**

"裁剪"工具还可以根据需求来裁剪固定尺寸的图像。

■ **技术要点**

执行命令：“编辑”→“变换”→“旋转”→“指定角度”

■ **案例步骤**

操作步骤如下：

第1步：打开素材包\素材文件\第2章\2.4\“准确裁剪”图像文件，选择工具箱中的“裁剪”工具 ⬚，如图2-28所示。

第2步：在工具选项栏中设置裁剪模式为“宽×高×分辨率”，宽为“750像素”、高为“720像素”、分辨率为“72”，如图2-29所示。

图2-28　打开图像文件　　　　　　　　图2-29　设置参数

第3步：此时裁剪框变成了750像素×720像素大小，移动图像文件，此时会发现裁剪框是固定不变的，移动的只是图像，如图2-30所示。

第4步：移动图像到合适的位置后，按Enter键确认裁剪，如图2-31所示。

图2-30　移动图像　　　　　　　　　　图2-31　确认裁剪

■ 案例效果

处理前   处理后

图2-32　案例效果

2.5　对商品图片进行美化处理

美化商品图片可以说是淘宝美工日常工作中最基本也是最常做的事情，网店的商品都靠图片来吸引买家，无论是商品的外在品相还是后期排版等，都影响着整体视觉效果。

2.5.1　商品图片美化处理的基本内容与常用工具

1.商品图片美化处理的基本内容

美化商品图片的基本内容一般是修复商品图片、清除商品图片上的文字信息、去处背景杂物、去除水印、添加水印、给商品添加投影等。

2.商品图片美化处理的常用工具

在对商品图片进行美化处理时，用得较多的是"橡皮擦"工具、"仿制图章"工具、"模糊"工具、"锐化"工具、"修补"工具、"污点修复"工具等。在本章中，将通过实例操作，来深入掌握这些命令和工具的使用。

2.5.2　实例——使用"橡皮擦"工具清除商品图片中的文字信息

橡皮擦工具顾名思义就是擦除图像的一种工具，使用非常方便快捷。该工具在处理背景图层时，擦除的区域均以背景色自动填补，非常好用。

■ **案例导入**

在网络上搜集素材时，有一些素材难免会有一些图片信息，橡皮擦工具可以帮我们很好地解决这些问题，该方法适用于纯色背景的图像素材，下面将进行详细地介绍。

■ **技术要点**

执行命令："编辑"→"变换"→"旋转"→"指定角度"

■ **案例步骤**

具体操作步骤如下：

第1步：打开素材包\素材文件\第2章\2.4\"清除信息"图像文件，选择工具箱中的"橡皮擦"工具 ，如图2-33所示。

第2步：单击工具栏中"设置背景色"拾色器 ，在弹出的"拾色器（背景色）"对话框中，选择白色，并单击"确定"按钮，如图2-34所示。

图2-33　选择橡皮擦工具

图2-34　设置背景色

第3步：此时，鼠标指针将变成圆形，单击进行擦除，该区域文字即被擦除，如图2-35所示。

第4步：重复步骤3，直至所有的文字信息擦除干净，如图2-36所示。

图2-35　擦除文字

图2-36　擦除所有文字

■ **案例效果**

处理前 处理后

图2-37 案例效果

2.5.3 实例——使用"仿制图章"工具去除商品图像背景上的杂物

"仿制图章"工具主要用来复制取样的图像，它能将取样的图像范围复制到另一个区域中。运用此原理，可以使用该工具去除商品图像背景上的杂物。

在户外拍摄商品图像时，经常会把周围的杂物也拍进来，后期可以通过 Photoshop 中的"仿制图章"工具去除。

■ **技术要点**

执行命令："编辑"→"变换"→"旋转"→"指定角度"

■ **案例步骤**

具体操作步骤如下：

第 1 步：打开素材包 \ 素材文件 \ 第 2 章 \2.4\ "去除杂物"图像文件，选择工具箱中的"仿制图章"工具，如图 2-38 所示。

第 2 步：在工具选项栏中设置"仿制图章"工具的相关参数，如图 2-39 所示。

图2-38 选择"仿制图章"工具　　　　图2-39 设置参数

第 3 步：将鼠标指针移动到右侧凳子上方，按住 **Alt** 键并单击，对墙壁进行取样，如图 2-40 所示。

第 4 步：松开 Alt 键，将鼠标指针移动到画面合适的位置，此时鼠标指针将变化成取样的墙壁图样，如图 2-41 所示。

图2-40 取样　　　　　　　　　　　　图2-41 移动鼠标指针

第 5 步：单击鼠标，即可将取样的图样复制到画面中，如发现复制的图像不够清晰，可原位多次重复单击，如图 2-42 所示。

第 6 步：重复步骤 3 ～ 5，即可去除背景上的杂物，如图 2-43 所示。

图2-42 去除部分球门　　　　　　　　图2-43 去除完成

■ **案例效果**

处理前　　　　　　　　　　　处理后

图2-44 案例效果

2.5.4 实例——使用"模糊"工具虚化商品背景以更加突出商品

专业的单反相机在拍摄商品图像时可以通过调整光圈来虚化背景，凸显出商品主体。很多时候没有专业设备，可以在后期使用 Photoshop 中的"模糊"工具来达到目的。

■ **技术要点**

执行命令："编辑"→"变换"→"旋转"→"指定角度"

■ **案例步骤**

具体操作步骤如下：

第 1 步：打开素材包 \ 素材文件 \ 第 2 章 \2.4\ "模糊背景"图像文件，选择工具箱中的"模糊"工具█，如图 2-45 所示。

第 2 步：在工具选项栏中设置模糊工具的相关参数，如图 2-46 所示。

图2-45　打开图像文件　　　　图2-46　设置参数

第 3 步：此时鼠标指针将变成一个空心圆，在图像上进行涂抹，即可模糊该区域，如图 2-47 所示。

第 4 步：根据需要，对背景进行多次涂抹，即可虚化背景，如图 2-48 所示。

图2-47　涂抹图像　　　　　　图2-48　虚化背景

■ 案例效果

处理前　　　　　　　　　　　处理后

图2-49　案例效果

2.5.5　实例——使用"锐化"工具让商品更清晰

图像文件在反复缩小或放大时，画质会变得模糊，如果图像细节模糊的情况不严重，可以通过"锐化"工具，将画质变清晰。

■ **技术要点**

执行命令："编辑"→"变换"→"旋转"→"指定角度"

■ **案例步骤**

下面将进行详细的介绍，具体操作步骤如下：

第1步：打开素材包\素材文件\第2章\2.4\"锐化商品"图像文件，选择工具箱中的"锐化"工具 ，如图2-50所示。

第2步：在工具选栏中设置锐化工具的相关参数，如图2-51所示。

图2-50　打开图像文件　　　　　　　　　图2-51　选择菜单项

第3步：单击鼠标，在需要锐化的区域进行涂抹，即可变清晰，如图2-52所示。

第4步：重复步骤3，直至所有模糊的区域变清晰，如图2-53所示。

图2-52 涂抹商品

图2-53 锐化效果

■ **案例效果**

处理前

处理后

图2-54 案例效果

2.5.6 实例——使用"修补"工具修补商品图像

"修补"工具的功能跟"仿制图章"工具的原理相似，不同的是，修补工具会综合原区域和目标区域的光线、颜色、纹理进行智能综合处理，原区域图像修补更自然。

很多时候，在拍摄商品时，难免会有些小瑕疵，此时可以使用"修补"工具进行修补。

■ **技术要点**

执行命令："编辑"→"变换"→"旋转"→"指定角度"

■ **案例步骤**

下面将进行详细地介绍，具体操作步骤如下：

第 1 步：打开素材包 \ 素材文件 \ 第 2 章 \2.4\ "修补商品" 图像文件，选择工具箱中的 "修补" 工具，如图 2-55 所示。

第 2 步：单击鼠标并按住，在有瑕疵的周围绘制一个圆圈，如图 2-56 所示。

图2-55　打开图像文件

图2-56　绘制圆圈

第 3 步：松开鼠标，绘制的区域将自动转换成选区，如图 2-57 所示。

第 4 步：将鼠标指针移至选区内，单击鼠标并按住进行拖曳，将拖曳出一个新选区，这时原瑕疵区域的图像将对照新拖曳的选区图像进行自动修补，如图 2-58 所示。

图2-57　转换选区

图2-58　拖曳选区

提示 在拖曳出新选区时，应该选择与原瑕疵图像颜色、明暗相近的区域，这样修补出来的效果更自然逼真。

第 5 步：松开鼠标，拖曳的新选区将自动取消，修补完毕后，按 Ctrl+D 组合键，即可取消原选区，如图 2-59 所示。

第 6 步：重复步骤 2 ~ 5，图像全部修补完成，如图 2-60 所示。

图2-59　取消选区　　　　　　　　图2-60　修补完成

■ **案例效果**

处理前　　　　　　　　　处理后

图2-61　案例效果

2.5.7　实例——去除商品图片上的水印

随着版权意识的加强，互联网上的图片素材大部分标注有版权，或者加有水印。建议尽量亲自拍摄商品图片，以减少纠纷。搜集到好的素材图片，但如果图片上面盖了水印，可以使用一种或多种工具去除水印。

■ **技术要点**

执行命令："仿制图章"→"按住 Alt 键取样"→"松开 Alt 键，在水印处单击"

■ **案例步骤**

下面将介绍常用的三种方法，具体操作步骤如下：

1. 使用仿制图章工具去除水印

第 1 步：打开素材包 \ 素材文件 \ 第 2 章 \2.4\ "去水印 1"图像文件，选择工具箱中的"仿制图章"工具，如图 2-62 所示。

第 2 步：将鼠标指针移动到水印上侧，按住 Alt 键并单击，对箱体进行取样，如图 2-63 所示。

第 3 步：松开 Alt 键，在水印处反复单击鼠标，直至去除该部分水印，如图 2-64 所示。

设计无忧 电商美工Photoshop实战技术

图2-62　选择"仿制图章"工具

图2-63　取样

第4步：重复步骤 2 ～ 3，将所有的水印去除完毕，如图 2-65 所示。

图2-64　去除水印（1）

图2-65　去除完成

2. 使用"'污点修复画笔'工具＋'修复'工具"去除水印

第1步：打开素材包 \ 素材文件 \ 第 2 章 \2.4\ "去水印二"图像文件，选择工具箱中的"污点修复画笔"工具 ，如图 2-66 所示。

第2步：单击鼠标并按住，对水印进行涂抹，如图 2-67 所示。

图2-66　选择"污点修复画笔"工具

图2-67　涂抹水印

第3步：松开鼠标，系统自动对涂抹处进行修复，如图 2-68 所示。

第4步：重复步骤 2、3，将书包拉链周围的水印都去除，如图 2-69 所示。

图2-68　去除水印（2）　　　　　图2-69　去除水印（3）

第5步：选择工具箱中的"修复画笔"工具 ，如图 2-70 所示。

第6步：将鼠标指针移动到拉链上侧，按住 Alt 键并单击，对拉链进行取样，如图 2-71 所示。

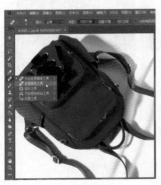 

图2-70　选择"修复画笔"工具　　　　　图2-71　取样

第7步：松开 Alt 键，在水印处反复单击鼠标，直至去除该部分水印，如图 2-72 所示。

第8步：重复步骤 6、7，将拉链处的所有水印去除完毕，如图 2-73 所示。

图2-72　去除水印（4）　　　　　图2-73　去除水印（5）

3. 使用"'修补'工具+'仿制图章'工具"去除水印

第1步：打开素材包\素材文件\第2章\2.4\"去水印三"图像文件，选择工具箱中的"修补"工具 🔲，如图2-74所示。

第2步：单击鼠标并按住，对"古"字绘制一个圆圈，如图2-75所示。

第3步：松开鼠标，绘制的圆圈自动转换成选区，将鼠标指针移至选区内，单击鼠标并按住进行拖曳，将拖曳出另一个选区，这时原瑕疵区域的图像将对照新选区进行填补，如图2-76所示。

第4步：松开鼠标，新选区将自动取消，修补完毕后，按Ctrl+D组合键，即可取消原选区，如图2-77所示。

图2-74　选择"修补"工具　　　图2-75　绘制圆圈　　　图2-76　选择"修复画笔"工具

> **提示**　"修补"工具在拖曳新选区时，一定要保证新选区的图案与原选区的图案一致。

第5步：重复步骤2、3，将所有的水印去除，选择工具箱中的"仿制图章"工具 👤，继续修复细节不够完美的地方，如图2-78所示。

第6步：将鼠标指针移至围巾重叠处，按住Alt键并单击，对围巾进行取样，如图2-79所示。

图2-77　去除水印　　　图2-78　选择"仿制图章"工具　　　图2-79　取样

第7步：将鼠标指针移至需要修复的区域，单击鼠标左键，即可将取样的图样复制到画面中，如图2-80所示。

第8步：重复步骤6、7，直至细节都修复完毕，如图2-81所示。

图2-80　修复有瑕疵的区域　　　　　　图2-81　修复完成

■ **案例效果**

处理前　　　　　　　　　　　处理后

图2-82　案例效果

高手秘笈

◎ **技巧1：使用"图案图章"工具美化商品背景**

　　"图案图章"工具根据系统预置或自己定义的图案进行填充。运用该工作原理，可以制作排列规律的背景图像，下面将进行详细的介绍，具体操作步骤如下：

第1步：打开素材包\素材文件\第2章\高手秘笈\"图案图章1"图像文件，选择"编辑"|"定义图案"菜单项，如图2-83所示。

第2步：在弹出的"图案名称"对话框中，设置图案名称，并单击"确定"按钮，如图2-84所示。

图2-83　选择菜单项　　　　　　　　　　图2-84　"图案名称"对话框

第3步：打开素材包\素材文件\第2章\高手秘笈\"图案图章2"图像文件，确认当前图层为"背景"，单击"图层"面板上的"新建图层"按钮，新建"图层1"，如图2-85所示。

第4步：选择工具箱中的"图案图章"工具，如图2-86所示。

图2-85　新建图层　　　　　　　　　　图2-86　"图案图章"工具

提示　新建的图层一般是建在当前图层的上方，在新建图层之前，需明确图层顺序，也可后期直接拖曳图层进行顺序调整。

第5步：在工具选项栏中，设置该工具的图案为"菊花底纹"，如图2-87所示。

第6步：单击鼠标，在文档窗口中进行涂抹，即可绘制一朵菊花图案，如图2-88所示。

图2-87　选择菜单项

图2-88　绘制图案（1）

第7步：重复步骤6，直至整个文档窗口都绘满菊花，如图2-89所示。

第8步：在"图层"面板中，将图层1的不透明度设置为50%，如图2-90所示。

图2-89　绘制图案（2）

图2-90　设置不透明度

技巧2：使用内容感知移动工具智能克隆商品

　　内容感知移动工具是Photoshop CS6新增的一个工具，它可以将图像中的某个对象移动或复制至其他位置，且会综合原区域和目标区域的光线、颜色、纹理进行智能综合处理，过渡更自然。下面将进行详细地介绍，具体操作步骤如下：

第1步：打开素材包\素材文件\第2章\高手秘笈\"智能克隆商品"图像文件，选择工具箱中的"内容感知移动"工具，如图2-91所示。

第2步：在工具选项栏中，将"模式"设置为"扩展"，如图2-92所示。

图2-91 选择"内容感知移动"工具

图2-92 设置模式

提示 "扩展"模式即为复制模式。

第3步：单击鼠标并按住，在左下侧的巧克力周围绘制一个圆圈，如图 2-93 所示。

第4步：松开鼠标，绘制的区域将自动转换成选区，如图 2-94 所示。

图2-93 绘制圆圈

图2-94 转换选区

第5步：将鼠标移至选区内，单击鼠标并按住进行拖曳，即可克隆出一颗巧克力，如图 2-95 所示。

第6步：松开鼠标，选区自动变换成变形框，可根据需要对该巧克力进行缩放或变形，如图 2-96 所示。

图2-95 克隆巧克力　　　　　　　　图2-96 变换选区

第7步：按Enter键确定变形后，按Ctrl+D组合键即可取消选区，如图2-97所示。

第8步：重复步骤3～7，克隆出更多的巧克力，如图2-98所示。

图2-97 取消选区　　　　　　　　　图2-98 克隆巧克力

技巧3：通过"斜切"命令制作商品投影效果

"斜切"命令可以将图像进行各种变形失真操作，运用该功能，可以制作商品的投影效果，具体操作步骤如下：

第1步：打开素材包\素材文件\第2章\高手秘笈\"制作投影"图像文件，单击选择右侧的兔子摆件，如图2-99所示。

第2步：按Ctrl+J组合键复制当前图层，并在"图层"面板单击选择"兔子"图层，如图2-100所示。

设计无忧 电商美工Photoshop实战技术

图2-99 打开图像文件

图2-100 复制图层

第3步：选择"编辑"|"变换"|"斜切"菜单项，如图2-101所示。

第4步：单击鼠标并拖曳变形框中心点至下侧中心，如图2-102所示。

第5步：用鼠标分别对变形框上的控制节点进行相应的调整，如图2-103所示。

第6步：按住Alt键，单击"兔子"图层前的缩略图，即可将图层中的图像转成选区，如图2-104所示。

图2-101 选择菜单项

图2-102 移动中心点

图2-103 调整控制节点

图2-104 转换选区

第7步：松开 Alt 键，单击工具栏中"设置前景色"拾色器，在弹出的"拾色器（前景色）"对话框中，选择黑色，并单击"确定"按钮，如图 2-105 所示。

第8步：按 Alt+Delete 组合键填充前景，并按 Ctrl+D 组合键取消选区，如图 2-106 所示。

图2-105　设置前景色　　　　　　　　图2-106　移动中心点

第9步：单击"图层"面板上不透明度右侧的下拉按钮，设置不透明度为 50，如图 2-107 所示。

图2-107　设置透明度

提示　设置图层的不透明度还可以直接按数字键盘中的"5"数字，也可将不透明度调整成 50%。

第3章

使用Photoshop抠取商品图片

本章导读 ☺

　　使用 Photoshop 中的一种工具或多种工具，将需要的商品图像从图片背景中分离出来的过程叫抠图，这是后期处理商品图像的一个基础且重要的操作。本章将通过多个基础的实例操作，引导大家快速掌握常用的抠图工具的使用方法，并学会使用不同的工具抠取不同的图片。

知识要点 ☺

- 了解多种简单的抠图工具
- 套索工具抠图
- 魔棒工具抠图
- 选框工具抠图
- 钢笔工具抠图
- 通道抠图

3.1 常用Photoshop抠图工具与各自优点

常用 Photoshop 抠图工具有 5 种，分别是套索工具、魔棒工具、选框工具、钢笔工具和通道抠图。在实际的抠图工作中，既可单独使用一种抠图工具，也可同时使用多种抠图工具。这些抠图工具各有所长，在对商品图片进行抠图前，应先分析图片，然后再根据情况选择合适的抠图工图，必能事半功倍。

- 套索工具：较简单的一组抠图工具，适合形状规则或者与背景颜色对比强烈的商品。
- 魔棒工具：较简单的一组抠图工具，可以一键选取背景单一或者颜色稍复杂但色相整体相近的商品。
- 选框工具：最简单的一组抠图工具，只能选取相应选框内的商品图像。
  钢笔工具：抠图精度非常高的一组抠图工具，适合各种有明显边缘的商品图像。
- 通道抠图：通道抠图适用于细节复杂，且与背景有强烈对比的商品图像。

3.2 套索工具

Photoshop 的套索工具组内含三种工具，分别是"套索"工具、"多边形套索"工具、"磁性套索"工具，其中"多边形套索"工具和"磁性套索"工具使用频率非常高，如图 3-1 所示。在 Photoshop 中，"套索"工具是一种常用的选区工具，在处理图像中起着重要的作用。

图3-1　套索工具组

3.2.1　套索工具的技术要点

套索工具组里的第一个套索工具用于做任意不规则选区，"多边形套索"工具用于制作有一定规则的选区，而套索工具组里的"磁性套索"工具适合制作边缘比较清晰，且与背景颜色相差比较大的图片的选区。

在工具箱中选择相应的套索工具后，工具选项栏中会有相应的属性可以设置，下面将进行详细介绍。

- 选区加减的设置：该区域共有四个按钮，分别是"新选区"按钮，"添加到选区"按钮，"从选区减去"按钮，"与选区交叉"按钮。制作选区的时候，使用"新选区"较多。
- "羽化"选项：取值范围在 0 ~ 250，可羽化选区的边缘，数值越大，羽化的边缘越大，图像边缘越模糊。
- "消除锯齿"的功能：让选区更平滑，系统默认勾选该功能。
  套索工具组的快捷键是 L。

3.2.2 实例——使用"多边形套索"抠取形状规则的商品图像

"多边形套索"工具适合抠取形状规则的商品图像,只能绘制直线,无法绘制带弧度的选区。下面将进行详细地介绍,具体操作步骤如下:

第1步:打开素材包\素材文件\第3章\3.2\"多边形套索"图像文档,选择工具箱中的"多边形套索"工具 ,如图3-2所示。

第2步:单击鼠标新建一个锚点,移动鼠标指针即可拉出一条线,至合适的位置继续单击鼠标生成新的锚点,如图3-3所示。

图3-2　选择"多边形套索"工具

图3-3　新建锚点

第3步:重复步骤2,直至商品图像需要抠取的区域都绘制完,当鼠标指针移至第一个锚点时将提示生成选区,单击第一个锚点转变成选区,如图3-4所示。

第4步:在图像任一区域单击鼠标右键,在弹出的快捷菜单中选择"选择反向"选项,即可反选选区,如图3-5所示。

图3-4　完成抠取区域的绘制

图3-5　反向选择选区

在绘制锚点的过程中，如果发现绘制错误，可按 Backsapce 键或 Delete 键删除前一个锚点。

第 5 步：双击"图层"面板中的"背景"图层，在弹出的"新建图层"对话框中，单击"确定"按钮，如图 3-6 所示。

第 6 步：按 Delete 键即可删除背景，并按 Ctrl+D 组合键取消选区，如图 3-7 所示。

图3-6 "新建图层"对话框　　　　　　　　　　　图3-7 删除背景

在抠取出商品图像后，需要将其保存为透明背景的图片，以便在制作其他图像文件中使用。

第 7 步：按 Ctrl+Shift+Alt+S 组合键，在弹出的"存储为 Web 所用格式"对话框中设置存储格式为"PNG-24"，并单击"存储"按钮，如图 3-8 所示。

第 8 步：在弹出的"将优化结果存储为"对话框中，选择存储文件夹并设置图片名称，单击"保存"按钮，如图 3-9 所示。

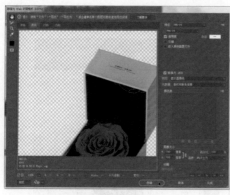

图3-8 选择菜单项　　　　　　　　　　　图3-9 "将优化结果存储为"对话框

第 9 步：此时将弹出"'Adobe 存储为 Web 所用格式'警告"提示框，单击"确定"按钮完成存储操作，如图 3-10 所示。

图3-10　"'Adobe存储为web所用格式'警告"提示框

> **提示** PNG 是一种透明背景的图片格式，支持高级别无损耗压缩。

3.2.3　实例——使用"磁性套索"抠取商品与背景颜色对比强烈的图像

"磁性套索"工具适合抠取商品图像边缘比较清晰，且与背景颜色相差比较大的图片。它最大的优势即能自动生成新锚点，下面将进行详细地介绍，具体操作步骤如下：

第 1 步：打开素材包 \ 素材文件 \ 第 3 章 \3.2\ "磁性套索"图像文档，选择工具箱中的"磁性套索"工具，如图 3-11 所示。

第 2 步：单击鼠标新建一个锚点，移动鼠标指针会发现"磁性套索"工具自动吸附在图像边缘，并生成新的锚点，如图 3-12 所示。

图3-11　选择"磁性套索"工具

图3-12　绘制锚点

第 3 步：在商品图像颜色有近似背景色的地方，可单击鼠标密集添加锚点，以防"磁性套索"工具误附锚点在其他图像上，如图 3-13 所示。

第 4 步：重复步骤 2、3，直至商品图像需要抠取的区域都绘制完，当鼠标指针移至第一个锚点时将提示生成选区，单击第一个抠取点转变成选区，如图 3-14 所示。

图3-13　添加锚点　　　　　　　　图3-14　完成抠取区域的绘制

第5步：在图像任一区域单击鼠标右键，在弹出的快捷菜单中选择"选择反向"选项，即可反选选区，如图 3-15 所示。

第6步：双击"图层"面板中的"背景"图层，在弹出的"新建图层"对话框中，单击"确定"按钮，如图 3-16 所示。

图3-15　反向选择选区　　　　　　图3-16　"新建图层"对话框

第7步：按 Delete 键即可删除背景，并按 Ctrl+D 组合键取消选区，如图 3-17 所示。

3.3　魔棒工具

魔棒工具组内含"快速选择"工具和"魔棒"工具，如图 3-18 所示。魔棒工具使用率相对较高。

图3-17　完成抠取区域的绘制

3.3.1　魔棒工具的技术要点

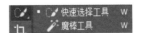

图3-18　魔棒工具组

"快速选择"工具和"魔棒"工具的共同点是可以选择某个
不规则范围的选区。

不同点在于"快速选择"工具是通过调整笔触大小来控制选择区域的大小。形象一点
说就是可以"画"出选区，功能强大。而"魔棒"工具是通过调节容差值来调节选择区域，
一次只能选择一个区域。如果想选择整个图片上相似的颜色区域，可以先用"魔棒"工具
选择某一个颜色区域，然后选择"选择"|"选取相似"菜单项，即可将相似的颜色区域都
选取。

在工具选项栏中，魔棒工具可以设置容差值，"快速选择"工具无该属性。

魔棒工具组的快捷键是 W。

3.3.2　实例——使用"快速选择"工具智能抠取复杂的商品 图像

"快速选择"工具可以通过调整画笔的笔触、硬度和间距等参数，单击或拖动创建选
区。拖动时，选区会向外扩展并自动查找和跟随图像中定义的边缘。因此，该工具适合背景
或商品某一对象相对复杂、但商品色相相近的图像，下面将进行详细介绍，具体操作步骤
如下：

第 1 步：打开素材包 \ 素材文件 \ 第 3 章 \3.3\ "快速选择工具"图像文档，选择工具箱
中的"快速选择"工具 ，如图 3-19 所示。

第 2 步：单击图像文档中的娃娃头部，该区域即可转换成选区，如图 3-20 所示。

图3-19　选择"快速选择"工具

图3-20　选择图像

第 3 步：重复步骤 2，选择娃娃身体部分，如图 3-21 所示。

第 4 步：在工具选项栏中将"快速选择"工具的笔触调成 15 像素，如图 3-22 所示。

图3-21　选择图像

图3-22　设置笔触

提示　在选择商品图像过程中，应根据图像部分的大小及时调整"快速选择"工具的笔触大小，选取更精准。

第 5 步：在图像文档中继续选择娃娃的其他部分，直到整个娃娃都被选取，如图 3-23 所示。

第 6 步：单击工具选项栏中的"从选区减去"按钮 ，单击娃娃脚部的间隙，即可将该区域从选区中减去，如图 3-24 所示。

图3-23　选择图像

图3-24　减去选区

第 7 步：双击"背景"图层解锁，并按 Ctrl+I 组合键反选选区，如图 3-25 所示。

第 8 步：按 Delete 键删除图像背景，并按 Ctrl+D 组合键取消选区，如图 3-26 所示。

图3-25　反选选区　　　　　　　　　　　图3-26　删除图像背景

提示　学习 Photoshop 后，熟悉并使用工具或菜单选项的快捷键，将大大提高工作效率。

3.3.3　实例——使用魔棒工具抠取背景颜色单一的商品图像

当使用"魔棒"工具单击画面某个点时，与该点颜色相似或相近的区域都会被选中，因此该工具适合背景或者商品颜色比较单一的图像。下面将进行详细地介绍，具体操作步骤如下：

第 1 步：打开素材包 \ 素材文件 \ 第 3 章 \3.3\"魔棒工具"图像文档，选择工具箱中的"魔棒"工具，如图 3-27 所示。

第 2 步：双击"图层"面板的"背景"图层解锁，并在工具选项栏中设置"容差"为20，如图 3-28 所示。

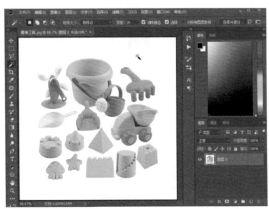

图3-27　选择"魔棒"工具　　　　　　　　图3-28　设置容差

第 3 步：在图像空白区域单击鼠标，白色背景将转换成选区，如图 3-29 所示。

第 4 步：单击工具选项栏中的"添加到选区"按钮，单击小洒壶提手中间部分，即可将该区域添加到选区，如图 3-30 所示。

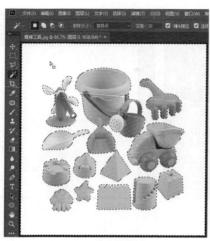

图3-29 单击图像背景　　　　　　　图3-30 添加选区

第5步：按 Delete 键删除图像背景，并按 Ctrl+D 组合键取消选区，如图 3-31 所示。

图3-31 删除图像背景

3.4 选框工具

Photoshop 的选框工具组内含四个工具，分别是"矩形选框"工具、"椭圆选框"工具、"单行选框"工具、"单列选框"工具，"单行选框"工具和"单列选框"工具仅允许选择宽度为 1 个像素的行和列，如图 3-32 所示。

图3-32 选框工具

3.4.1 选框工具的技术要点

在工具箱中选择相应的选框工具后，工具选项栏中会有相应的属性可以设置，下面将进行详细的介绍。

- 选区加减的设置 ：该区域共有四个按钮，分别是"新选区"按钮 ，"添加到选区"按钮 ，"从选区减去"按钮 ，"与选区交叉"按钮 。制作选区的时候，使用"新选区"较多。

- "羽化"选项 ：取值范围在 0 ~ 250，可羽化选区的边缘，数值越大，羽化的边缘越大，选区越模糊。

- "消除锯齿"的功能 ：让选区更平滑，系统默认勾选该功能。

- "样式"的功能 ：该区域共有三个选项，分别是"正常""固定比例"和"固定大小"。

选框工具的快捷键是 M。

3.4.2 实例——使用"选框"工具抠取商品图像的指定部分

当只需要截取商品图像的中某一部分，"裁剪"工具虽然也可以做到，但是一些特殊的形状是无法裁剪的，例如圆形。此时，可以使用"选框"工具进行抠取，其具体操作步骤如下：

第1步：打开素材包\素材文件\第3章\3.4\"选框工具1"图像文档，选择工具箱中的"椭圆选框"工具 ，如图 3-33 所示。

第2步：按住 Shift 键，单击鼠标并按住绘制一个正圆，如图 3-34 所示。

第3步：松开 Shift 键和鼠标左键，绘制的圆形将转换成选区，如图 3-35 所示。

图3-33 选择"椭圆选框"工具　　图3-34 绘制圆形　　图3-35 转换选区

第4步：解锁当前图层，并反选选区，删除其他图像部分，如图 3-36 所示。

拓展操作——制作成详情细节图

在商品详情中，基本上都会挑放一些图片细节进行展示，让买家对商品材质有进一步了解。继上面的操作，下面将抠取的商品细节图拖曳导入到详情中，具体操作步骤如下：

第1步：打开素材包\素材文件\第3章\3.3\"选框工具2"图像文档，选择工具箱中的"选择"工具 ，将"选框工具1"中的图像拖曳导入到"选框工具2"中，如图3-37所示。

第2步：单击选中并移动"选框工具1"图像到合适的位置，即可完成商品细节的展示，如图3-38所示。

图3-36　删除其他图像

图3-37　导入图像

图3-38　移动图像

3.5 钢笔工具

Photoshop 钢笔工具组内含六个工具，分别是"钢笔"工具、"自由钢笔"工具、"弯度钢笔"工具、"添加锚点"工具、"删除锚点"工具和"转换点"工具，如图3-39所示。其中"钢笔"工具使用频率最高。钢笔工具是 Photoshop 中抠取图片最精准的工具。

图3-39　钢笔工具组

3.5.1　钢笔工具技术要点

在钢笔工具组中，"钢笔"工具用于绘制具有最高精度的图像，灵活度最高；"自由钢笔"工具能像使用铅笔在纸上绘图一样来绘制路径；"弯度钢笔"工具可绘制自带弧度的路径；"添加锚点"工具、"删除锚点"工具，即在绘制的路径上添加或删除锚点；"转换点"工具则用于调整锚点的控制手柄，各绘制效果如图3-40所示。

在钢笔工具的工具选栏中，可以设置工具模式 ，"路径"和"形状"。抠取图片时一般使用"路径"模式，在绘制形状图案时使用"形状"模式。

钢笔工具的快捷键是 P。

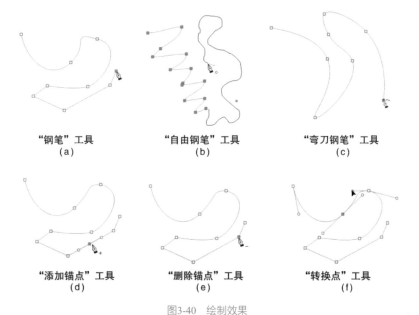

"钢笔"工具
(a)

"自由钢笔"工具
(b)

"弯刀钢笔"工具
(c)

"添加锚点"工具
(d)

"删除锚点"工具
(e)

"转换点"工具
(f)

图3-40　绘制效果

3.5.2　实例——使用钢笔工具抠取精准的商品图像

如果要抠取精准的商品图像，钢笔工具是必不可少的。下面将通过例子对钢笔工具进行详细地介绍，其具体操作步骤如下：

第1步：打开素材包\素材文件\第3章\3.5\"钢笔工具"图像文档，选择工具箱中的"钢笔"工具🖊，如图3-41所示。

第2步：单击鼠标左键新建一个锚点，沿着边缘继续添加第二个锚点，在添加第二个锚点时不要松开鼠标左键，将鼠标向前拖动，此时该锚点将拉出两个控制手柄，如图3-42所示。

第3步：选择工具箱中的"放大镜"工具，单击帽子图像部分，即可放大画面，如图3-43所示。

图3-41　选择钢笔工具

图3-42　新建锚点

图3-43　放大图像

第 4 步：选择工具箱中的"钢笔"工具，将鼠标指针移至控制手柄处，按住 Alt 键，鼠标指针变成 ⌐ 形状（或选择钢笔工具组中的"转换点"工具 ⌐），此时可调整控制手柄调整路径曲线，如图 3-44 所示。

提示 在实际的抠图过程中，因钢笔工具抠图比较精细，在细节复杂的地方可以使用"放大镜"工具放大后再调整锚点。"放大镜"工具缩小操作时，按住 Alt 键，用该工具单击图像画面。

第 5 步：重复步骤 2 ～ 4，即可完成整个图像的路径绘制，在闭合路径时，将"钢笔"工具定位于第一个锚点上，单击该锚点即可闭合路径，如图 3-45 所示。

第 6 步：在图像任一区域单击鼠标右键，在弹出的快捷菜单中选择"建立选区"选项，路径将转换成选区，如图 3-46 所示。

图3-44 调整控制手柄

图3-45 选择钢笔工具

图3-46 新建锚点

第 7 步：在弹出的"建立选区"对话框中，单击"确定"按钮，如图 3-47 所示。
第 8 步：解锁当前图层，并反选选区，删除图像背景，如图 3-48 所示。

图3-47 "建立选区"对话框

图3-48 删除背景

设计无忧 电商美工Photoshop实战技术

第9步：此时大家会发现还有一部分背景没有去除，继续使用"钢笔"工具绘制路径，转换成选区并删除，最终效果如图 3-49 所示。

拓展操作——清除图片未抠取干净的边缘

钢笔工具的抠图操作虽然很精准，但有时候会因个人操作不够精细，造成图像边缘抠取不够干净，这时使用相应的菜单命令进行清除。继上面的操作，下面将进行详细介绍，具体操作步骤如下：

第1步：按住 Ctrl 键，单击"图层 0"图层前的缩略图，为该图层的图像建立选区，如图 3-50 所示。

第2步：选择"选择"|"修改"|"收缩"菜单项，如图 3-51 所示。

图3-49　最终效果

图3-50　建立选区

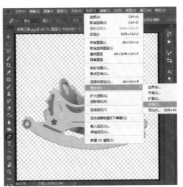

图3-51　选择菜单项

第3步：在弹出的"收缩选区"对话框中，设置收缩量为 1 像素，单击"确定"按钮，如图 3-52 所示。

第4步：按 Ctrl+I 组合键反选选区，按 Delete 键删除被收缩的部分，如图 3-53 所示。

第5步：按 Ctrl+D 组合键取消选区，最终效果如图 3-54 所示。

图3-52　"建立选区"对话框

图3-53　删除背景

图3-54　最终效果

3.6 通道抠图

通道抠图适用于细节复杂的图像，尤其是头发飞舞的人物图像。因其简单的操作方法，强大的抠图效果，深受大家喜爱。

3.6.1 通道的技术要点

在 Photoshop 中，不同的图像模式，通道是不一样的。通道层中的图像颜色是由一组原色的亮度值组成的，即可以理解为是选择区域的映射。

使用 Photoshop 处理的图像文档一般是 RGB 模式，该模式下共有四个通道，一个 RGB 通道（复合通道），另外三个分别代表红色、绿色、蓝色的通道，如图 3-55 所示。

通道层与同一个图像层之间最根本的区别在于：图层的各个像素点的属性是以红绿蓝三原色的数值来表示的，而通道层中的像素颜色是由一组原色的亮度值组成的。即通道中只有一种颜色的不同亮度，是一种灰度图像，从一定程度上来说，它有效而又简化了复杂图像选区的抠取。

图3-55 "通道"面板

通道抠图的方法其实非常简单，进入"通道"面板后，先观察找出目标图像与背景对比差距最大的通道层，再复制该通道层，进一步调整色阶。在通道层中，白色图像部分将成为选区。

3.6.2 实例——使用通道抠取带头发的人物商品图像

在一张复杂的人物商品图像中，如果人物头发与背景颜色对比大，那么是非常容易抠取出来的，而且效果精美。下面将通过一张佩戴耳饰的模特图来进行详细地介绍，具体操作步骤如下：

第一部分：抠取人物主体

第 1 步：打开素材包 \ 素材文件 \ 第 3 章 \3.6\ "抠取头发"图像文档，连续按两次 Ctrl+J 组合键复制两个图层，如图 3-56 所示。

第 2 步：分别单击"背景"和"图层 1 拷贝"图层前的"指示图层可见性"按钮 👁，隐藏图层，选择工具箱中的"钢笔"工具 ⬠，绘制相关路径，如图 3-57 所示。

第 3 步：按 Ctrl+Enter 组合键，将路径转换成选区，如图 3-58 所示。

第 4 步：单击图层面板上的"添加图层蒙版"按钮 ▣，为"图层 1"添加蒙版，如图 3-59 所示。

提示　在图层蒙版中，黑色表示遮盖图像，白色表示显示图像。

图3-56　新建图层

图3-57　绘制路径

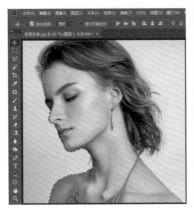

图3-58　建立选区

图3-59　添加图层蒙版

第二部分：通过通道抠取人物头发细节

第1步：隐藏"图层"面板中的"图层1"，将"图层1拷贝"设置为可见，如图3-60所示。

第2步：切换到"通道"面板，通过观察发现"蓝"通道中人物头发与背景的颜色反差最大，将"蓝"通道拖曳到"新建新通道"按钮上，即可复制一个新的"蓝"通道，如图3-61所示。

图3-60　设置图层的隐藏与可见

图3-61　复制通道

第3步：按 Ctrl+I 组合键，将图像进行反相操作，如图 3-62 所示。

第4步：选择"图像"|"调整"|"色阶"菜单项，如图 3-63 所示。

图3-62　将图像反相　　　　　　　　　　图3-63　选择菜单项

 提示　"反相"即为图像的颜色色相反转。例如黑变白、蓝变黄、红变绿。菜单命令为"图像"|"调整"|"反相"。

第5步：在"色阶"对话框中设置相关参数，并单击"确定"按钮，如图 3-64 所示。

第6步：单击工具箱中的"加深"工具 ，对人物四周的背景进行涂抹，效果如图 3-65 所示。

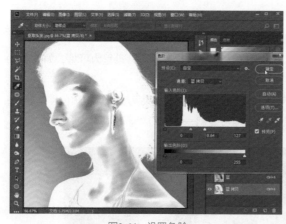

图3-64　设置色阶　　　　　　　　　　　图3-65　"加深"背景颜色

第7步：重复步骤 5，在"色阶"对话框中再次进行设置，并单击"确定"按钮，如图 3-66 所示。

第8步：按住 Ctrl 键，单击"蓝拷贝"通道前的缩略图，即可为图像中的白色部分新建选区，如图 3-67 所示。

设计无忧 电商美工Photoshop实战技术

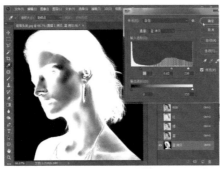

图3-66　设置色阶

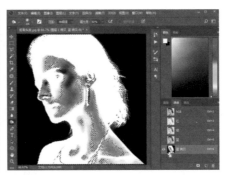

图3-67　新建选区

第9步：将"蓝拷贝"通道拖曳到"删除当前通道"按钮 ⬛ 上，删除该通道，如图3-68所示。

第三部分：人物及头发细节合二为一

第1步：切换到"图层"面板，单击"添加图层蒙版"按钮 ⬜，为"图层1拷贝"添加蒙版，如图 3-69 所示。

图3-68　删除通道

图3-69　添加图层蒙版

第2步：设置"图层1"可见，按住 Shift 键，分别选择"图层1"和"图层1拷贝"图层，单击鼠标右键，在弹出的快捷菜单中选择"合并图层"选项，如图 3-70 所示。

第3步：合并图层后，抠图效果如图 3-71 所示。

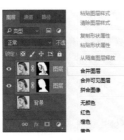

图3-70　合并图层

图3-71　最终效果

高手秘笈

技巧1：使用"色彩范围"命令抠取纯色商品图像

"色彩范围"与"魔棒"工具的功能相似，但"色彩范围"是通过在图像窗口中指定颜色来设置选取区域的。此外，还可以通过指定其他颜色来增加或减少选取区域。

"色彩范围"命令适合抠取纯色的商品图片，下面将进行详细的介绍，具体操作步骤如下：

第1步：打开素材包\素材文件\第3章\高手秘笈\"色彩范围"图像文档，双击解锁"图层"面板"背景"图层，如图3-72所示。

第2步：选择"选择"|"色彩范围"菜单项，如图3-73所示。

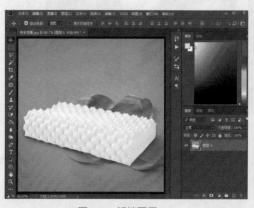

图3-72 解锁图层　　　　　　　　　图3-73 选择菜单选项

第3步：弹出"色彩范围"对话框，鼠标指针将变成取色器，单击枕头，如图3-74所示。

第4步：单击"色彩范围"对话框中的"添加到取样"按钮 ✐，单击枕头未被选取的部分，如图3-75所示。

第5步：重复步骤4，直至"色彩范围"对话框中的整个枕头图像都显示成白色，并单击"确定"按钮，如图3-76所示。

第6步：此时枕头图像转换成选区，按Ctrl+I组合键反选选区，按Delete键删除背景，并按Ctrl+D组合键取消选区，最终效果如图3-77所示。

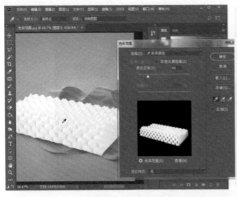
图3-74 取色

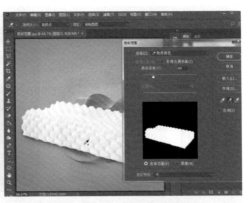
图3-75 添加到取样

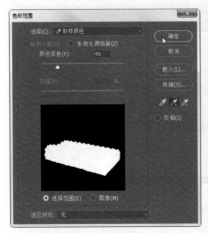
图3-76 解锁图层

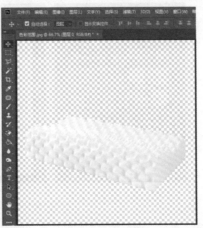
图3-77 删除背景

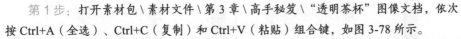
技巧2：利用图层蒙版抠取透明商品图像

抠取透明的商品图像是一种稍有难度的操作，因为操作完成后需要保证它半透明的状态，这样不管将其导入到何种背景中，都给人良好的视觉效果。下面将通过一个透明的茶杯实例来进行详细地介绍，具体操作步骤如下：

第一部分：复制、粘贴图像

第1步：打开素材包\素材文件\第3章\高手秘笈\"透明茶杯"图像文档，依次按 Ctrl+A（全选）、Ctrl+C（复制）和 Ctrl+V（粘贴）组合键，如图3-78所示。

第2步：选择图层面板中的"图层1"，单击"添加图层蒙版"按钮 ▢ ，如图3-79所示。

第3步：按住 Alt 键，单击该图层的图层蒙版，如图3-80所示。

第4步：进入图层蒙版编辑模式，松开 Alt 键，按 Ctrl+V 组合键粘贴图像，如图3-81所示。

图3-78　复制图像

图3-79　添加图层蒙版

图3-80　进入图层蒙版模式

图3-81　粘贴图像

第二部分：通过图层蒙版制作半透明效果

第1步：选择工具箱中的"钢笔"工具 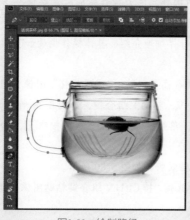，绘制茶杯路径，如图3-82所示。

第2步：按 Ctrl+Enter 组合键，将路径转换成选区，并按 Ctrl+I 组合键反选选区，如图3-83所示。

图3-82　绘制路径

图3-83　反选选区

第3步：按 Ctrl+Delete 组合键将选区填充背景色（黑色），并按 Ctrl+D 组合键取消选区，如图 3-84 所示。

第4步：使用"钢笔"工具 ⬚ 将茶杯手把内的区域绘制出来，转换成选区并填充黑色，如图 3-85 所示。

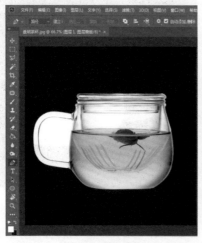 

图3-84　填充黑色　　　　　　　　　　　图3-85　填充黑色

第5步：使用"钢笔"工具 ⬚ 将茶水区域绘制出来，转换成选区并按 Atl+Delete 组合键填充前景色（白色），如图 3-86 所示。

第6步：使用"钢笔"工具 ⬚ 将茶杯手把区域绘制出来，转换成选区并按将填充"#a1a1a1"颜色，如图 3-87 所示。

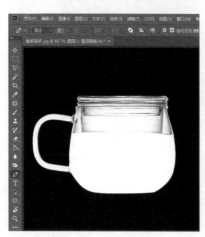 

图3-86　填充茶水区域　　　　　　　　　图3-87　填充茶杯手把

第7步：选择工具箱中的"画笔"工具 ⬚，在工具选栏中设置相关参数，如图 3-88 所示。

第8步：在茶水上侧的区域进行相应的涂抹，效果如图3-89所示。

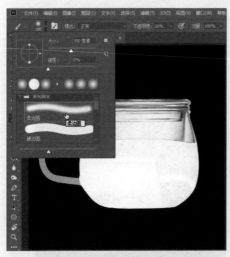
图3-88　设置"画笔"工具

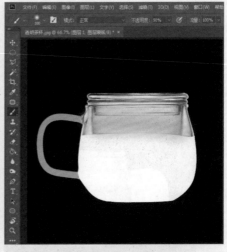
图3-89　涂抹图像

第9步：按住Alt键，单击"图层1"的图层蒙版，退出图层蒙版模式，松开Alt键，如图3-90所示。

第三部分：完善半透明效果

第1步：选择"背景"图层，单击"图层"面板中的"创建新图层"按钮，新建"图层2"，如图3-91所示。

图3-90　退出图层蒙版模式

图3-91　创建新图层

第2步：设置前景色为"#ff4f41"颜色，按Alt+Delete组合键填充"图层2"，如图3-92所示。

第3步：仔细观察茶杯，发现茶杯上侧有一些细节不够完美，可继续返回"图层1"的图层蒙版模式进行修改，最终效果如图3-93所示。

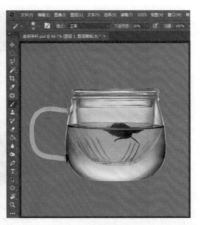

图3-92　填充图层　　　　　　　　　　　　　　　图3-93　最终效果

 技巧3：使用背景橡皮擦工具抠取商品

　　使用"背景橡皮擦"工具，可以在保留商品图像的边缘的同时，抹除背景图像。即把商品图像抠取出来。该工具适合纯色背景，且商品与背景多处交叉交融在一起的图片。

　　下面将通过一把椅子的实例来进行详细地介绍，具体操作步骤如下：

　　第1步：打开素材包\素材文件\第3章\高手秘笈\"背景橡皮擦"图像文档，选择工具箱中的"背景橡皮擦"工具 ，如图3-94所示。

　　第2步：在工具选项栏中设置相应的参数，如图3-95所示。

图3-94　选择"背景橡皮擦"工具　　　　　　图3-95　设置参数

　　第3步：将鼠标指针移至图像背景中，单击鼠标即可对背景擦除，如图3-96所示。

　　第4步：按住鼠标左键不松，在整个图像文档画面进行擦除，该工具会自动识别背景与商品图像，最终效果如图3-97所示。

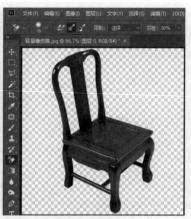

图3-96 擦除背景　　　　　　　　　　　　图3-97 最终效果

提示 "背景橡皮擦"工具在第一次擦除时，就自动将整个图像中与其相近的颜色认定为背景，这时无论你怎么擦除，也不会将椅子擦除掉。

技巧 4：巧用图层样式抠取商品图像

利用图层样式去除商品图片背景，其实是一种取巧的操作，它的使用范围有限，只有在特定的条件下才会用到该方法。比如买家想看某种定制图案的商品效果、工厂给商品后期添加一些图案等。

下面通过一个定制商品图案的抠取，来进行详细地介绍，具体操作步骤如下：

第1步：分别打开素材包\素材文件\第3章\高手秘笈\"图层样式1"和"图层样式2"图像文档，将"图层样式2"拖曳导入到"图层样式1"图像文档中，如图3-98所示。

第2步：按Ctrl+T组合键，对兔子图像进行适当地缩小，并按Enter键确认变形，如图3-99所示。

图3-98 导入图像　　　　　　　　　　　　图3-99 缩放图像

第3步：在"图层"面板中，将"图层1"的混合模式设置为"正片叠底"，如图3-100所示。

第4步：更改图层模式后，兔子图像将自动抠取图像，效果如图3-101所示。

图3-100　设置图层模式　　　　　　　　　图3-101　最终效果

提示　"正片叠底"模式只适合白底图像图层，它最大的优势是可以根据背景的明暗自动调整该图层的明暗等。

第4章

使用Photoshop调整商品图片的色调

本章导读

在商品拍摄过程中，图片色差是无法避免的问题。与实物详情描述一致的宝贝商品能有效地减少售后。因此，修正商品图像颜色也是修图中重要的一个步骤。本章将通过多种菜单命令和工具操作来介绍 Photoshop 如何调整图片色差、明度等，引导大家快速掌握这些必备技能。

知识要点

- 商品图片色彩管理的基础知识
- 更换商品图片背景颜色
- 吸取并改变商品图片颜色
- 改变商品图片颜色
- 加深局部商品图片颜色
- 加亮局部商品图片
- 校正商品图片偏色

- 调整商品图片偏色
- 调整商品图片明暗
- 调整商品图片的亮度
- 调整商品图片色调
- 替换商品图片颜色
- 改变商品图片颜色

4.1 图片色彩管理的基础知识

4.1.1 色彩的三要素

色彩的三要素是指每一种色彩同时具有色相、饱和度和明度三种基本属性，我们看到的任何一种色彩都是由这三个属性组成的综合效果。其中色相与光波的波长有关，饱和度和明度与光波的幅度有关。

1. 色相

色相是色彩的首要特征，是区分不同色彩的主要因素，每一种色彩都有相应的色相名称，例如红色、绿色、黄色等。另外，黑、白、灰等非彩色系没有色相。

最初的基本色相为红色、橙色、黄色、绿色、蓝色和紫色，在每个颜色中间加插一个中间色，即可制出十二基本色相，其色调变化均匀，根据光谱顺序分别为：红色、橙红色、橙色、黄橙色、黄色、黄绿色、绿色、绿蓝色、蓝色、蓝紫色和紫色，如图4-1所示。如果进一步再加插一个中间色，便可以得到二十四个色相。

2. 饱和度

饱和度是指色彩的鲜艳程度，即色彩的纯度。例如黄色比暗黄更黄，这就是说黄色的饱和度更高。饱和度越低，色彩越暗淡；饱和度越高，色彩越鲜艳；如图4-2所示。

图4-1 基本色相

图4-2 饱和度对比

饱和度的高低取决于色彩中含色成分和消色成分的比例，即色彩中如果掺加白色、灰色或是其他浅色调的颜色，那么该色彩的饱和度将大大降低；反之，如果色彩色减少白色、灰色或是其他浅色调的颜色，那么该色彩的饱和度将大大提高。另外，黑、白、灰等非彩色系没有饱和度。

3. 明度

明度是指色彩的亮度（明暗程度），明度越大，颜色越亮，如图4-3所示。色彩的明度变化有许多种情况，一是不同色相之间的明度变化，例如在未调配过的原色中黄色明度最高、黄色比橙色亮、橙色比红色亮、红色比紫色亮、紫色比黑色亮；二是在同一色相的色彩中，加白色明度就会逐渐提高，加黑色明度就会变暗，但同时它们的饱和度也会降低。

彩色系所有色彩的色相、饱和度和明度这三个属性是相互影响、不可分割的，应用时须同时考虑这三个属性。

4.1.2　图片的色彩模式

RGB 和 CMYK 模式是在设计中常用到的两种色彩模式，RGB 模式主要用于在显示器上展示效果的图片，而 CMYK 模式主要用于印刷的图片。

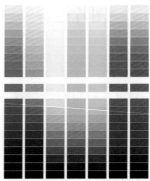

图4-3　明度对比

RGB 色彩模式是工业界的一种色彩标准，是通过对红、绿、蓝这三个颜色通道的变化以及它们相互之间的叠加来得到不同的颜色，RGB 即代表红（Red）、绿（Green）、蓝（Blue），这个标准几乎包括了人类视力所能感知的所有颜色，是运用最广的颜色系统之一。

CMYK 又称作印刷色彩模式，是一种依靠反光的色彩模式，CMYK 代表印刷上用的四种颜色，C 代表青色（Cyan），M 代表洋红色（Magenta），Y 代表黄色（Yellow），K 代表黑色（Black）。而 K 取的是 black 最后一个字母，之所以不取首字母，是为了避免与蓝色（Blue）混淆。从理论上来说，只需要 CMY 三种油墨就足够了，它们三个加在一起就应该得到黑色。但因为在实际应用中，青色、洋红色和黄色很难叠加形成真正的黑色（只能得到褐色）。因此才引入了 K——黑色。黑色的作用是强化暗调，加深暗部色彩。

4.1.3　网店图片色彩的常见问题

受拍摄设备、拍摄环境和显示器等原因的影响，商品图片一般都会存在色彩差异问题。这类客观原因，大多能在后期得到改善，例如使用最常用的电脑显示器，对照商品实物，在 Photoshop 中对商品图片进行色彩矫正处理。

网店图片色彩的常见问题，一般分为 4 种，如下：

- 图片的颜色失真问题。造成商品图片颜色失真的原因有很多，在后期一般通过 Photoshop 中的"可选颜色"或者"色相/饱和度"等菜单命令来调整。
- 图片的明暗度问题。在拍摄过程中，如果拍摄环境光线过暗，就会造成明暗度不正常的情况。在后期一般通过 Photoshop 中的"阴影/高光"菜单命令或者"加深""减淡"工具等来调整。
- 图片的饱和度问题。拍摄浅色商品时很容易造成图片饱和度过低的问题，在拍摄浅色商品时可以考虑使用深色背景，另外也可以在后期通过 Photoshop 中的"色彩平衡"菜单命令或者"加深"工具等来调整。
- 图片的色调问题。图片的色调很大程度上受拍摄光线冷、暖调的影响，除了保证在前期使用正确的灯光拍摄，还可以后期通过 Photoshop 中的"自动颜色"或"色彩平衡"等菜单命令来调整。

4.2 网店图片常用的调色工具及使用方法

再好的拍摄设备，拍摄的商品图片也会存在色差问题。这是因为在拍摄过程中，由于光线或相机设置不到位的原因，导致颜色偏色，或者商品图片整体偏暗或是偏亮，这时可以利用 Photoshop 进行后期调整。

4.2.1 认识Photoshop前景/背景色

Photoshop 工具箱中有组设置前景色和背景色的色块，如图 4-4 所示。单击前色块便可弹出"拾色器"对话框，在"拾色器"对话框中可更改相应的前景色；反之即可设置背景色。按 D 键即可恢复默认的前景色和背景色，分别是黑色和白色；按 X 键可切换前景色和背景色。

图4-4　前/背景色色块

4.2.2 使用渐变工具——更换商品背景颜色

"渐变"工具在填充颜色时，可以将其设置从一种颜色过渡到另一种颜色，或由浅到深、由深到浅的变化。渐变工具还可以创建多种颜色混合。如果对拍摄的图像背景不满意，可以在 Photoshop 中先将商品图像抠取出来，再制作一个新的背景颜色。

下面将进行详细地介绍，具体操作步骤如下：

第 1 步：打开素材包 \ 素材文件 \ 第 4 章 \4.2\ "渐变工具" 图像文档，选择工具箱中的"渐变" 工具，如图 4-5 所示。

第 2 步：在工具选栏中单击 "径向渐变" 按钮，并单击可编辑渐变色块，如图 4-6 所示。

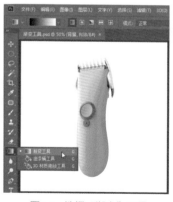

图4-5　选择"渐变"工具

图4-6　设置参数

第 3 步：在弹出的"渐变编辑器"对话框中，单击渐变色块左侧色标图标，如图 4-7 所示。

第 4 步：在弹出的 "拾色器（色标颜色）" 对话框中，设置颜色为 #ffe5eb，并单击 "确定" 按钮，如图 4-8 所示。

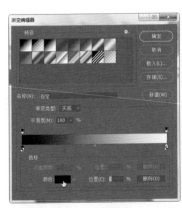
图4-7 渐变编辑器

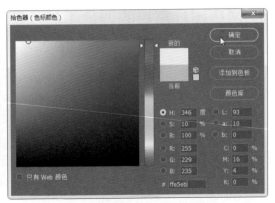
图4-8 拾色器（色标颜色）

第5步：重复步骤3、4，设置右侧的色标颜色为#ffaec1，并单击"确定"按钮，完成渐变颜色的编辑，如图4-9所示。

第6步：选择"图层"面板中的"背景"图层为当前图层，将鼠标指针移至文档窗口中心，按住鼠标左键，从左向右绘制一条直线，如图4-10所示。

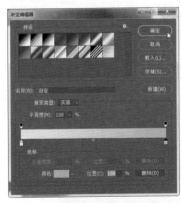
图4-9 完成设置

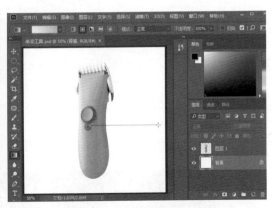
图4-10 填充颜色

提示 在使用"渐变"工具绘制直线填充背景颜色时，按住 Shift 键，即可绘制一条水平直线。

第7步：松开鼠标左键，即可填充一个颜色渐变的背景，如图4-11所示。

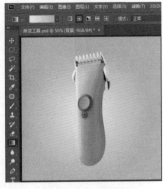
图4-11 最终效果

设计无忧 电商美工Photoshop实战技术

4.2.3 使用吸管工具——吸取并改变商品颜色

"吸管"工具主要用来吸取商品图像颜色，但只能吸取一种，吸取的颜色为吸取点的周围三个像素的平均色。"吸管"工具一般用来辅助改变商品的颜色，即吸取图片中的某一种颜色成为前景色，然后通过其他工具或命令来填充到不同的商品图像区域。

下面将进行详细地介绍，具体操作步骤如下：

第1步：打开素材包\素材文件\第4章\4.2\"吸管工具"图像文档，单击工具箱中的"吸管"工具，如图4-12所示。

第2步：将鼠标指针移至需要取样的目标颜色上，单击鼠标，文档窗口中将出现色环，前景色将变成吸管吸取的颜色，如图4-13所示。

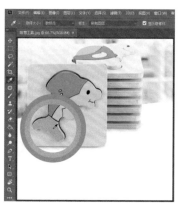

图4-12　选择"吸管"工具　　　　图4-13　对目标颜色取样

第3步：选择工具箱中的"魔棒"工具，在工具选项中设置相应的参数，并单击选择需要更改颜色的区域，如图4-14所示。

第4步：选择"编辑"|"填充"菜单项，如图4-15所示。

图4-14　选择"魔棒"工具　　　　图4-15　选择菜单项

第 5 步：在弹出的"填充"对话框中，设置相应的参数，并单击"确定"按钮，如图 4-16 所示。

第 6 步：此时，选区将填充为吸管吸取的颜色，按 Ctrl+D 组合键取消选区，最终效果如图 4-17 所示。

图4-16 "填充"对话框

图4-17 最终效果

4.2.4 使用"油漆桶"工具——改变商品颜色

"油漆桶"工具主要用来填充前景色或图案，其工具选栏中的"填充"是指填充的内容是前景色还是图案，"容差"范围是指数值越大，"油漆桶"工具允许填充的颜色范围就越广。这种工具适合填充无质感（颜色细节简单）的商品图像更改颜色。

下面将进行详细地介绍，具体操作步骤如下：

第 1 步：打开素材包 \ 素材文件 \ 第 4 章 \4.2\ "油漆桶工具"图像文档，单击工具箱中的"设置前景色"色块，如图 4-18 所示。

第 2 步：在弹出的"拾色器（前景色）"对话框中，设置颜色为 #ff1456，并单击"确定"按钮，如图 4-19 所示。

图4-18 打开图像文档

图4-19 设置前景色

第3步：选择工具箱中的"油漆桶"工具，并在工具选项栏中设置相应的参数，如图 4-20 所示。

第4步：将鼠标指针移至需要改变的图案上，单击鼠标即可填充颜色，如图 4-21 所示。

图4-20 选择"油漆桶"工具

图4-21 填充颜色

第5步：重复步骤 4，直至所有图案的颜色都填充完毕，如图 4-22 所示。

图4-22 最终效果

4.2.5 使用"加深"工具——加深局部商品图像颜色

"加深"工具是用来加深商品图像颜色的。在拍摄过程中，如果发现商品颜色过浅，可以使用该工具进行后期加深。

下面将进行详细地介绍，具体操作步骤如下：

第1步：打开素材包\素材文件\第 4 章\4.1\"加深工具"图像文档，选择工具箱中的"加深"工具，如图 4-23 所示。

第2步：在工具选项栏中设置相应的参数，如图 4-24 所示。

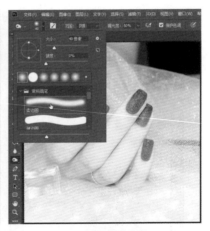

图4-23　选择"加深"工具　　　　　　　图4-24　设置相关参数

第3步：将鼠标指针移至小指指甲处进行涂抹，如图4-25所示。

第4步：重复步骤3，直至所有的指甲油颜色都加深完，如图4-26所示。

图4-25　涂抹指甲　　　　　　　　　　图4-26　最终效果

提示　如果对加深效果不满意，可以多次涂抹，直到满意为止。

4.2.6　使用"减淡"工具——加亮局部商品图像

"减淡"工具主要用来提亮商品图像。在拍摄商品时，尤其是比较暗的背景下，商品图像常常会显得暗淡，使用减淡工具瞬间就能解决这些问题。

下面将进行详细地介绍，其具体操作步骤如下：

第1步：打开素材包\素材文件\第4章\4.1\"减淡工具"图像文档，选择工具箱中的"减淡"工具，如图4-27所示。

第2步：在工具选项栏中设置相应的参数，如图 4-28 所示。

图4-27 选择"减淡"工具

图4-28 设置相关参数

第3步：将鼠标指针移至左侧的兔子灯处进行涂抹，如图 4-29 所示。

第4步：重复步骤 3，直至两个兔子的颜色都变得闪闪发光，如图 4-30 所示。

图4-29 涂抹效果

图4-30 最终效果

4.3 处理图片常用的调色命令及使用方法

  在商品拍摄过程中，图片除了单独存在色差或偏浅、偏暗的情况，很大程度上是同时出现这些问题，美工需要对比实物，分析问题，找到合适的工具和命令进行多次调整，才能得到满意的商品图像。

4.3.1　"自动颜色"命令——校正商品图像偏色

"自动颜色"命令主要通过自动调整色彩，达到一种协调状态。"自动颜色"命令通过搜索实际图像来调整图像的对比度和颜色。

下面将进行详细地介绍，具体操作步骤如下：

第1步：打开素材包\素材文件\第4章\4.3\"自动颜色"图像文档，发现图片整体偏蓝色，如图4-31所示。

第2步：选择"图像"|"自动颜色"菜单项，如图4-32所示。

第3步：软件将自动调整颜色，最终效果如图4-33所示。

图4-31　打开图像文档

图4-32　选择菜单项

图4-33　最终效果

4.3.2　"色彩平衡"命令——调整商品图像偏色

"色彩平衡"的主要功能是调整图像色彩失衡或是偏色的问题，操作非常简便方便，适合整体有偏色问题的商品图像。

下面将进行详细地介绍，具体操作步骤如下：

第1步：打开素材包\素材文件\第4章\4.3\"色彩平衡"图像文档，发现图片整体颜色偏青色，如图4-34所示。

第2步：选择"图像"|"调整"|"色彩平衡"菜单项，如图4-35所示。

第3步：在弹出的"色彩平衡"对话框中，设置相应的参数，单击"确定"按钮，如图4-36所示。

图4-34 打开图像文档

图4-35 选择菜单项

第4步：最终效果如图4-37所示。

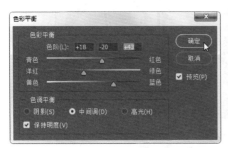

图4-36 "色彩平衡"对话框

图4-37 最终效果

4.3.3 "阴影/高光"命令——调整商品图像明暗

"高光 / 阴影"命令主要用于改善图像的对比度，它并不是单纯地将图片变暗或变亮，而是会对有缺陷的局部进行加亮或变暗处理，保证图片的整体平衡。"高光 / 阴影"命令适合调整得过亮或过暗的商品图像。

下面将进行详细地介绍，具体操作步骤如下：

第1步：打开素材包 \ 素材文件 \ 第 4 章 \4.1\"阴影高光"图像文档，发现图片阴影部分过暗，如图 4-38 所示。

第2步：选择"图像"|"调整"|"阴影 / 高光"菜单项，如图 4-39 所示。

第3步：在弹出的"阴影 / 高光"对话框中，设置相应的参数，单击"确定"按钮，如图 4-40 所示。

图4-38　打开图像文件

图4-39　选择菜单项

第 4 步：最终效果如图 4-41 所示。

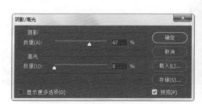
图4-40　"阴影/高光"对话框

图4-41　最终效果

4.3.4　"亮度/对比度"命令——加强明暗对比

"亮度 / 对比度"命令主要用来调整图像的整体明暗对比，让画面的明暗细节对比更加分明。它适合调整明暗对比不明显的商品图像，这样能让商品看起来更有层次感。

下面将进行详细地介绍，具体操作步骤如下：

第 1 步：打开素材包 \ 素材文件 \ 第 4 章 \4.1\ "亮度 / 对比度"图像文档，发现图片整体有点灰暗的，明暗对比不明显，如图 4-42 所示。

第 2 步：选择"图像"|"调整"|"亮度 / 对比度"菜单项，如图 4-43 所示。

第 3 步：在弹出的"亮度 / 对比度"对话框中，设置相应的参数，单击"确定"按钮，如图 4-44 所示。

图4-42　打开图像文件

图4-43　选择菜单项

第 4 步：最终效果如图 4-45 所示。

图4-44　"亮度/对比度"对话框

图4-45　最终效果

4.3.5 "曲线"命令——调整商品图像的亮度

在调整商品图像亮度操作中，"曲线"命令是最常用的，它不仅能完成"色阶"命令里的功能，还能进行图像局面调整。"曲线"命令对图像的操作范围更广。

下面将进行详细地介绍，具体操作步骤如下：

第 1 步：打开素材包\素材文件\第 4 章\4.1\"曲线"图像文档，图片整体偏暗，如图 4-46 所示。

第 2 步：选择"图像"|"调整"|"曲线"菜单项，如图 4-47 所示。

第 3 步：在弹出的"曲线"对话框中，向上拖曳调整曲线，单击"确定"按钮，如图 4-48 所示。

第 4 步：最终效果如图 4-49 所示。

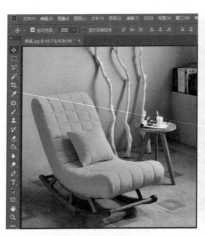
图4-46 打开图像文件

图4-47 选择菜单项

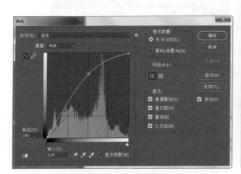
图4-48 "曲线"对话框

图4-49 最终效果

提示 "曲线"对话框中的输出值大于输入值时（曲线位于直线上方），调整后的亮度会增强；相反输出值小于输入值时（曲线位于直线下方），调整后的亮度会减弱。

4.3.6 "色相/饱和度"命令——调整商品图像色调

"色相/饱和度"命令在 Photoshop 调色操作中是使用频率最高的。它不仅能调整商品图像单个颜色的色相（颜色）、饱和度（浓度）和明度（明暗），还能调整商品图像的整体，功能非常强大，操作简单，是美工必须掌握的调色命令之一。

下面将进行详细地介绍，具体操作步骤如下：

第 1 步：打开素材包\素材文件\第 4 章\4.4\"色相饱和度"图像文档，如图 4-50 所示。

第 2 步：选择"图像"|"调整"|"色相/饱和度"菜单项，如图 4-51 所示。

图4-50　打开图像文档　　　　　　　　图4-51　选择菜单项

第3步：在弹出的"色相／饱和度"对话框中，设置色相为"红色"，单击"吸管"按钮，单击图像中的红色区域，如图4-52所示。

第4步：单击"添加到取样"按钮，继续单击图像中的其他红色区域，如图4-53所示。

图4-52　取样颜色（1）　　　　　　　图4-53　取样颜色（2）

第5步：颜色取样完毕后，在"色相／饱和度"对话框中设置色相参数，单击"确定"按钮，如图4-54所示。

第6步：最终效果如图4-55所示。

图4-54　设置色相参数　　　　　　　图4-55　最终效果

4.3.7 "匹配颜色"命令——匹配商品图像色调

同一款商品有多张不同角度的图片，调整一张图片的色调往往需要大量的时间和精力，此时可以使用"匹配颜色"命令将该色调匹配到其他图上，将大大提高工作效率。

下面将进行详细地介绍，具体操作步骤如下：

第1步：打开素材包\素材文件\第4章\4.4\"匹配颜色1"和"匹配颜色2"图像文档，"匹配颜色2"图像文档是已经修好了的图片，如图4-56所示。

第2步：单击选择"匹配颜色1"图像文档，选择"图像"|"调整"|"匹配颜色"菜单项，如图4-57所示。

图4-56 打开图像文档

图4-57 选择菜单项

第3步：在弹出的"匹配颜色"对话框中，将"源"设置为"匹配颜色2"图像文档，如图4-58所示。

第4步：单击"确定"按钮，即可将"匹配颜色2"图像文档的色调匹配到"匹配颜色1"图像文档中，如图4-59所示。

图4-58 "匹配颜色"对话框

图4-59 匹配颜色

4.3.8 "HDR色调"命令——调整商品图像色调

HDR 是一种模拟高动态光照渲染的技术，在 Photoshop 中，"HDR 色调"命令可以将图片亮部调得非常亮，暗部调得很暗，并且亮部或暗部的细节都会被保留，与其他调色工具是不同的。

下面将进行详细地介绍，具体操作步骤如下：

第 1 步：打开素材包 \ 素材文件 \ 第 4 章 \4.4\ "HDR 色调" 图像文档，整体色调偏暗，细节阴暗不明，如图 4-60 所示。

第 2 步：选择 "图像" | "调整" | "HDR 色调" 菜单项，如图 4-61 所示。

图4-60　打开图像文档　　　　　图4-61　选择菜单项

第 3 步：在弹出的 "HDR 色调" 对话框中，设置相应的参数，单击 "确定" 按钮，如图 4-62 所示。

第 4 步：最终效果如图 4-63 所示。

图4-62　"HDR色调"对话框　　　　　图4-63　最终效果

4.3.9 "替换颜色"命令——替换商品图像颜色

"替换颜色"命令可以将商品图像中的一种颜色快速替换成另一种颜色。

下面将进行详细地介绍，具体操作步骤如下：

第1步：打开素材包\素材文件\第4章\4.2\"替换颜色"图像文档，选择"图像"|"调整"|"替换颜色"菜单项，如图4-64所示。

第2步：弹出的"替换颜色"对话框，鼠标指针将变成取色器，单击右侧鞋子的黄色区域，如图4-65所示。

图4-64 选择菜单项

图4-65 取样颜色

第3步：单击"替换颜色"对话框中的"添加到取样"按钮 ，单击鞋子其他黄色区域，直至两只鞋子的所有黄色区域都被选中，如图4-66所示。

第4步：在"替换颜色"对话框中，分别设置色相和饱和度参数，单击"确定"按钮，如图4-67所示。

图4-66 添加取样颜色

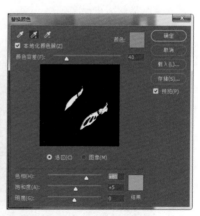

图4-67 设置颜色参数

第5步：最终效果如图4-68所示。

图4-68 最终效果

4.3.10 "可选颜色"——改变商品图像颜色

"可选颜色"命令主要用来调整图像中某一种色彩,在"可选颜色"对话框中共有 9 种颜色可选,在选定需要更改的颜色后,通过增减青色、洋红色、黄色、黑色等四色油墨改变选定的颜色,此命令只改变选定的颜色,不会改变其他未选定的颜色。

下面将进行详细地介绍,具体操作步骤如下:

第 1 步:打开素材包 \ 素材文件 \ 第 4 章 \4.2\ "可选颜色"图像文档,如图 4-69 所示。

第 2 步:选择"图像"|"调整"|"可选颜色"菜单项,如图 4-70 所示。

图4-69 打开图像文档

图4-70 选择菜单项

第 3 步:在弹出的"可选颜色"对话框中,对"黄色"颜色进行参数设置如图 4-71 所示。

第 4 步:继续对"蓝色"颜色进行设置,单击"确定"按钮,如图 4-72 所示。

第 5 步:最终效果如图 4-73 所示。

图4-71　设置蓝色　　　　图4-72　最终效果　　　　图4-73　最终效果

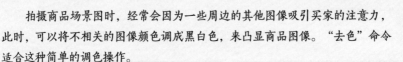

提示 如果在图片背景色中，也有与需要调整商品颜色相近的颜色，可先将商品图像单独抠取成选区再作颜色调整，这样背景色不会有任何变化。

高手秘笈

技巧1：使用"去色"命令制作商品图像的灰度效果

拍摄商品场景图时，经常会因为一些周边的其他图像吸引买家的注意力，此时，可以将不相关的图像颜色调成黑白色，来凸显商品图像。"去色"命令适合这种简单的调色操作。

下面将进行详细地介绍，具体操作步骤如下：

第1步：打开素材包\素材文件\第4章\高手秘笈\"去色"图像文档，选择工具箱中的"矩形选框"工具▓，如图4-74所示。

第2步：将鼠标指针移至中间相片处，绘制一个矩形选区，如图4-75所示。

图4-74　选择"矩形选框"工具　　　　图4-75　绘制选区

第3步：选择"图像"|"调整"|"去色"菜单项，如图4-76所示。

第4步：系统会自动将该区域的图像去色，按Ctrl+D组合键取消选区，如图4-77所示。

图4-76　选择菜单项

图4-77　去除颜色

第5步：重复步骤2～4，将需要去色的相片都去除颜色，如图4-78所示。

图4-78　最终效果

技巧2：使用"颜色替换"工具给商品图像"上色"

想要改变商品图像颜色的方法有很多种，把有色彩的商品图像去色也很容易，但是给浅色商品图像上色的方法却很少。"颜色替换"工具可以轻松实现这个操作。

下面将进行详细地介绍，具体操作步骤如下：

第1步：打开素材包\素材文件\第4章\高手秘笈\"颜色替换"图像文档，如图4-79所示。

第 2 步：选择工具箱中的"颜色替换"工具 ![X]，并设置前景色为 #19a5ff，如图 4-80 所示。

图4-79　打开图像文件

图4-80　选择"颜色替换"工具

第 3 步：将鼠标指针移至帽子上进行涂抹，即可上色，如图 4-81 所示。

第 4 步：重复步骤 3，直至将帽子全部涂抹上新的颜色，最终效果如图 4-82 所示。

图4-81　涂抹假发

图4-82　最终效果

技巧 3：使用"减淡"工具快速将图像背景处理成白色

"减淡"工具具有提亮颜色的功能，它可以将图像中需要变亮或增强质感的部分颜色加亮。

在使用白色背景拍摄商品图片的时候，也很难将背景拍成 100% 白色，此时使用"减淡"工具可以快速将灰白的背景变白。

下面将进行详细的介绍，具体操作步骤如下：

第1步：打开素材包\素材文件\第4章\高手秘笈\"减淡工具"图像文件，选择工具箱中的"减淡"工具 ，如图4-83所示。

第2步：在工具选项栏中设置减淡工具的相关参数，如图4-84所示。

图4-83　选择"减淡"工具

图4-84　设置参数

第3步：单击鼠标，在商品图像外的区域进行涂抹，即可变成白色，如图4-85所示。

第4步：重复步骤3，将商品图像的背景都处理成白色，如图4-86所示。

图4-85　涂抹背景

图4-86　处理成白色背景

第5章

网店图片制作核心技术

本章导读 ◎

　　从本章开始，将逐渐学习制作商品海报和详情页需要掌握的基本知识。良好的商品视觉效果并不需要多么繁杂的操作技术，更重要的是操作者对商品本身的一种诉求，将这种诉求通过图片的形式表达出来。本章将通过常用的工具和菜单命令操作来介绍如何逐步学习这些核心技能，引导大家在日常工作中应用自如。

知识要点 ◎

- 制作商品促销区
- 使用图层样式制作简单的仿真场景
- 使用画笔工具制作炫酷光效
- 使用自定义图形制作商品详情海报
- 利用蒙版制作商品图片倒影
- 人像肌肤光滑处理

5.1 网店图像制作核心技术——Photoshop解析

使用 Photoshop 进一步美化和处理商品图片时，其"图层""形状工具组""画笔""蒙版""滤镜"等工具的使用，是整个网店图像制作的核心技术。

"图层"是图像的合成利器，是整个图像处理中最基础最重要的存在，通俗地来说，在图层上作画，就相当于在一张张透明的胶片上作画，透过上面的胶片可以看见下面胶片的内容，但是无论在上面一层上如何涂画都不会影响到下层的胶片，上面一层会遮挡住下层的图像。通过移动各层胶片的相对位置或者添加更多的胶片，最后将胶片叠加起来得到最后的合成效果。

"形状工具组""画笔"是绘制图形的好帮手。众所周知，Photoshop 是一款位图图像处理软件，它不但能使用"画笔"等工具制作位图图形，还有一个模拟矢量工具组，该工具组最大的优势在于无论是放大还是缩小，图形都不会变模糊。

"蒙版""滤镜"是图像特效专家，它们在图像特效制作方面首屈一指，能制作许多复杂的特效效果，在美工的日常工作中使用率极高。

5.2 图像合成利器——图层

在 Photoshop 中，一个图层就像是一层含有文字或图形等元素的透明胶片，一个个图层按顺序叠放在一起，组合起来形成页面的最终效果。

5.2.1 "图层"面板的使用及功能

每一个图层都是由许多元素组成的，而图层又通过上下叠加的方式来组成整个图像。操作者既可以修改每一个图层的元素，也可以调整每一个图层的顺序和位置，这种结构极大地方便了对图像文档的修改和调整。

"图层"面板的界面简洁，操作方便，它主要由菜单栏、工具箱、工具选项栏、文档窗口和面板组等组成，如图 5-1 所示。

混合模式选项：可在下拉列表中选择设置图层的混合模式。

锁定选项：用于锁定不同的编辑能力，从左到右依次为"锁定透明像素"按钮 ▨、"锁定图像像素"按钮 ✔、"锁定位置"按钮 ✛、"防止在画板内外自动嵌套"按钮 ▤、"锁定全部"按钮 🔒。

图5-1 "图层"面板

图层可见性：某一图层左边带有眼睛标记时，表明可见该图层内容；如果无眼睛标记状态，表明隐藏该图层内容。

图层功能按钮组：从左到右依次为：

- "链接图层"按钮 ：当选定两个图层时，该按钮被激活。单击该按钮可将选定的多个图层关联到一起，以便对这些图层进行整体的移动、复制、剪切等操作。
- "添加图层样式"按钮 fx：单击可弹出图层样式快捷菜单，可从中选择图层样式。
- "添加图层蒙版"按钮 ◙：单击该按钮可在当前的图层添加蒙版效果。
- "创建新的填充或调整图层"按钮 ◕：单击该按钮可弹出新图层类型选项，可从中选择要建立的新图层的类型，然后在弹出的对话框中进行相关参数的设定。
- "创建新组"按钮 ▢：单击该按钮可建立一个新空白组，使用它可以将各个图层归类分组存放。
- "创建新图层"按钮 ▣：单击该按钮可新建一个空白图层。
- "删除图层"按钮 🗑：单击该按钮将弹出一个提示框，单击"删除"按钮将删除图层，单击"取消"按钮将取消删除图层，如图 5-2 所示。也可将要删除的图层拖曳到该按钮上直接删除。

图5-2　"删除图层"提示框

5.2.2　实例——制作商品促销区

在商品详情描述页面的最上侧，一般都会有店铺其他商品的关联销售或折扣活动，这类图片称为商品促销区。制作精美的促销图片能最大程度地吸引买家的点击和商品的曝光率，从而增加店铺的关联销售。

下面将介绍一种既基础又大众的商品促销区图片制作方法，具体操作步骤如下：

第 1 步：打开 Photoshop，创建一个 750 像素 ×454 像素的"商品促销区"空白文档，如图 5-3 所示。

第 2 步：设置前景色为 # 007700，选择工具箱中的"油漆桶"工具 ◈，单击文档窗口填充颜色，如图 5-4 所示。

图5-3　新建文档

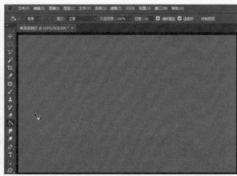

图5-4　填充颜色

第3步：打开素材包\素材文件\第5章\5.1\"标题"图像文档，选择工具箱中的"移动"工具 ，拖曳导入标题至合适位置，如图5-5所示。

第4步：设置前景色为白色，选择工具箱中的"矩形"工具 ，绘制一个矩形，如图5-6所示。

图5-5　导入图像　　　　　　　　　　图5-6　绘制矩形

第5步：打开素材包\素材文件\第5章\5.2\"标题"图像文档，将其拖曳导入至矩形上方，如图5-7所示。

第6步：选择"图层"面板中的"图层2"，单击鼠标右键，在弹出的快捷菜单中选择"创建剪贴蒙版"，如图5-8所示。

图5-7　导入图像　　　　　　　　　　图5-8　创建剪贴蒙版

> **提示**　"剪贴蒙版"又称剪贴组，该命令是通过使用处于下方图层的形状来限制上方图层的显示状态，达到一种剪贴画的效果。

第7步：按Ctrl+T组合键，进入变形框编辑模式，对图形大小进行调整，如图5-9所示。

第8步：打开素材包\素材文件\第5章\5.1\"冷水花文案"图像文档，将其拖曳导入至合适位置，如图5-10所示。

图5-9　调整大小

图5-10　导入图像

第9步：按住 Ctrl 键，分别选择"图层"面板中的"图层3""图层2"和"矩形1"，单击"创建新组"按钮 ，将其组合在一个组中，如图 5-11 所示。

第10步：连续按 Ctrl+J 组合键4次复制出4个新组，可通过键盘上的控制键来精准移动组的位置，如图 5-12 所示。

图5-11　创建组

图5-12　复制4个组

提示　如果分组比较多，可以重命名组名，方便后期整理。双击组名，删除原来的组名，重新输入新的组名即可。

第11步：选择"组1拷贝"下的"图层2"，单击鼠标右键，在弹出的快捷菜单中选择"转换为智能对象"选项，如图 5-13 所示。

第12步：继续单击鼠标右键，在弹出的快捷菜单中选择"替换内容"选项，如图 5-14 所示。

第13步：在弹出的"替换文件"对话框中，选择素材包\素材文件\第5章\5.1\"冰水花"图像文档，并单击"置入"按钮，如图 5-15 所示。

第14步：此时文档中的图片将替换成冰水花图片，按 Ctrl+T 组合键，进入变形框编辑模式，对图形大小进行调整，如图 5-16 所示。

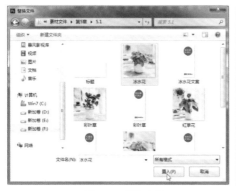

图5-13　转换成智能对象　　　　图5-14　替换内容

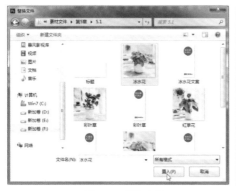

图5-15　置入图像　　　　　　　图5-16　调整大小

第15步：选择"组1拷贝"下的"图层3"，重复步骤11～13，将文案替换成冰水花文案，如图5-17所示。

第16步：重复步骤11～15，将其他的商品图像和文案进行替换，如图5-18所示。

图5-17　替换文案　　　　　　　图5-18　最终效果

5.3 图形绘制能手——形状工具组、画笔

矢量图像是用一系列计算机指令来描述和记录一幅图，一幅图可以理解为一系列由点、线、面等组成的子图，它所记录的是对象的几何形状、线条粗细和色彩等，特别适用于文字设计、图案设计、版式设计、标志设计、插图等，它最显著的特点就是任意放大或缩小都不会出现图像失真的现象。在 Photoshop 中，形状工具组是制作矢量形状的利器。

位图图像，是由称作像素的单个点组成的。它的主要优点在于表现力强、细腻、层次多、细节多，可以十分容易地模拟出像照片一样的真实效果。但往往在对图像中的像素进行编辑时，会对其进行拉伸、放大或缩小等处理，其清晰度和光滑度会受到一定影响。在 Photoshop 中，"画笔"工具是制作位图图像的利器。

5.3.1 形状工具组、画笔简介

1. 形状工具组

形状工具组是一组简单方便的模拟矢量工具，共包含 6 个工具，分别是"矩形"工具、"圆角矩形"工具、"椭圆"工具、"多边形"工具、"直线"工具和"自定义形状"工具，如图 5-19所示。

图5-19 形状工具组

形状工具组的快捷键是 U。

2. 画笔工具的功能设置

Photoshop 中的画笔工具又被称为笔刷，是软件预先定义好的一组图形。Photoshop 只存储图像的轮廓，操作者可以使用任意颜色对图像进行填充涂抹。提供画笔的目的是方便操作者快速地创作复杂的作品，操作者既可以在互联网上下载一些常用的画笔安装在软件中，也可以自己制作一些图像预先定义为画笔。

画笔工具的快捷键是 B。在工具箱中选择画笔工具后，在工具选项栏中可以对其大小、笔刷形状、模式、不透明度等进行设置，如图 5-20 所示。尤其是笔刷形状，其众多样式完全能满足制作特效或者背景等需求。

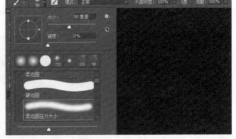

图5-20 画笔工具选项设置

3. 自定义图形

由于淘宝美工涉及的商品行业不同，那么对 Photoshop 各种操作的需求也是不同的。当软件图形工具制作的效果无法满足需求时，操作者可以在原有的图形上做一些改动。

自定义图形的操作一般都是在原有图形上进行修改调整，在制作一些复杂的图形时，还会用到多个图层的相减、相交等操作。但在美工日常工作中，涉及的图形都是比较简单的，掌握一般的操作即可。

5.3.2 实例——绘制仿真商品场景图

在拍摄商品场景图时，常常会因为道具、时间、费用等问题而简化拍摄商品，然后在 Photoshop 中制作虚拟的场景图，以优化商品展示。下面将制作一个简单大气的仿真圆柱展示台，具体操作步骤如下：

第 1 步：打开素材包 \ 素材文件 \ 第 5 章 \5.3\ "背景" 图像文档，选择工具箱中的 "椭圆" 工具 ⬭，绘制一个椭圆，如图 5-21 所示。

第 2 步：选择 "图层" 面板中的 "椭圆 1" 图层，单击 "添加图层样式" 按钮 *fx*，在弹出的快捷菜单中选择 "渐变叠加" 选项，如图 5-22 所示。

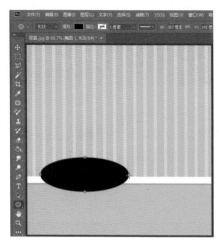

图5-21　绘制椭圆

图5-22　添加图层样式

第 3 步：在弹出的 "图层样式" 对话框中，单击 "渐变条"，如图 5-23 所示。

第 4 步：此时将弹出 "渐变编辑器" 窗口，将左侧的色块移至 22% 的位置，设置其颜色为 # f3a9a2，将右侧的色块移至 50% 的位置，如图 5-24 所示。

图5-23　单击渐变条

图5-24　设置色块颜色及位置

第 5 步：按住 Alt 键，拖曳左侧的色块，即可复制一个新的色块，松开 Alt 键，将其调整至右侧 78% 的位置，如图 5-25 所示。

第 6 步：单击"确定"按钮返回"图层样式"对话框，继续单击"确定"按钮完成设置，如图 5-26 所示。

图5-25　复制色块

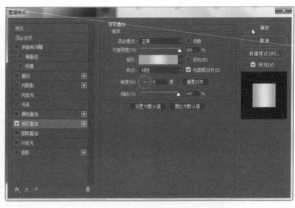
图5-26　确认设置

第 7 步：单击选择背景图层，选择工具箱中的"矩形"工具 ，绘制一个矩形，如图 5-27 所示。

第 8 步：重复步骤 2 ～ 6，为矩形添加图层样式，其渐变编辑器色块位置不变，颜色从左到右分别为 #b96b78、白色、#b96b78，此时，立体圆柱展示台制作完成，如图 5-28 所示。

图5-27　绘制矩形

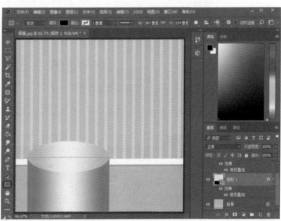
图5-28　添加图层样式

第 9 步：按 Ctrl+J 组合键，分别复制"矩形 1"图层和"圆形 1"图层，并按 Ctrl+T 组合键（确定两个图层都被选定），进入变形框编辑模式，对其大小进行调整，如图 5-29 所示。

第 10 步：打开素材包 \ 素材文件 \ 第 5 章 \5.2\"小黄鸭"图像文档，分两次拖曳导入至大、小展示台上，如图 5-30 所示。

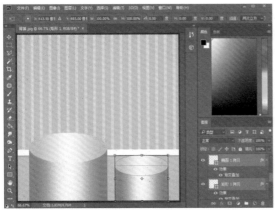

图5-29　复制并调整圆柱图形

图5-30　导入图像

第 11 步：选择右侧的小黄鸭，按 **Ctrl+T** 组合键，进入变形框编辑模式，对图形大小进行调整，最后按 **Enter** 键即可完成制作，如图 5-31 所示。

图5-31　调整大小

5.3.3　实例——使用"画笔"工具制作炫酷光效

下面将通过制作一个炫酷光效的案例，了解"画笔"工具的基本使用，具体操作步骤如下：

第 1 步：打开素材包 \ 素材文件 \ 第 5 章 \5.3\ "炫酷光效"图像文档，单击"图层"面板中的"创建新图层"按钮，新建"图层 1"，如图 5-32 所示。

第 2 步：选择工具箱中的"画笔"工具，在工具选项栏中设置好相关参数，如图 5-33 所示。

图5-32 新建图层

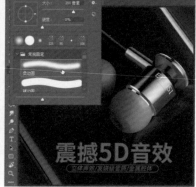

图5-33 设置"画笔"工具参数

第3步：设置前景色为#e94375，在文档窗口中连续两次单击鼠标，绘制一个边缘模糊的圆形，如图5-34所示。

第4步：单击"图层"面板中的"创建新图层"按钮 🖵，新建"图层2"，设置前景色为白色，在文档窗口中单击鼠标一次，绘制白色圆形，如图5-35所示。

图5-34 绘制圆形

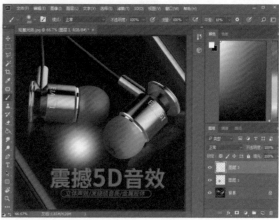

图5-35 绘制圆形

提示 由于柔边圆形边缘自带羽化模糊效果，在绘制此类型图形时，应在文档窗口中间位置绘制，确保边缘细节完整。

第5步：按住Ctrl键，分别选择"图层1"和"图层2"，松开Ctrl键，单击鼠标右键，在弹出的快捷菜单中选择"合并图层"选项，如图5-36所示。

第6步：按Ctrl+T组合键，进入变形框编辑模式，对图形大小进行调整，如图5-37所示。

图5-36　合并图层

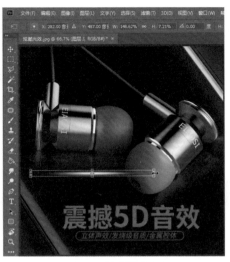

图5-37　调整图形大小

第 7 步：重复步骤 3～6，新建图层，制作一个绿白相间的光束，并适当调整大小和位置，如图 5-38 所示。

第 8 步：新建一个图层，设置前景色为白色，选择工具箱中的"画笔"工具，调整画笔大小，绘制一个小圆形，如图 5-39 所示。

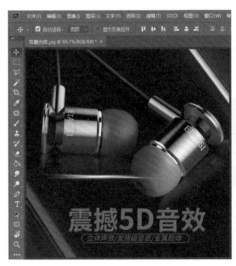

图5-38　制作光束

图5-39　绘制圆形

第 9 步：按 Ctrl+T 组合键，进入变形框编辑模式，对圆形大小进行调整，如图 5-40 所示。

第 10 步：合并所有的光束图层，将光束移动到合适的位置，最终效果如图 5-41 所示。

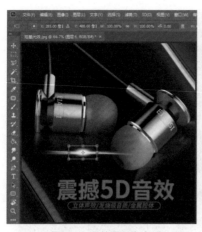

图5-40　调整图形大小

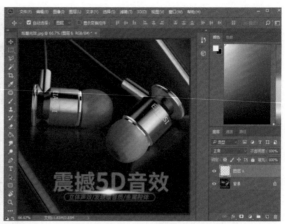

图5-41　最终效果

5.3.4　实例——使用自定义图形制作商品详情海报

在裤袜的商品详情海报里，经常会用到一些有弧度的线条来突出商品特点，这些有弧度的线条可以通过自定义图形来轻松实现。

下面将进行详细地介绍，具体操作步骤如下：

第 1 步：打开 Photoshop，创建一个名称为"商品详情海报"、大小为 750 像素 ×470 像素的空白文档，如图 5-42 所示。

第 2 步：打开素材包 \ 素材文件 \ 第 5 章 \5.3\ "丝袜"图像文档，将商品图像拖曳导入到文档窗口中，如图 5-43 所示。

图5-42　创建空白文档

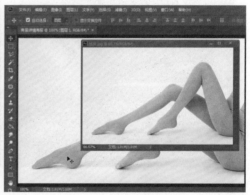

图5-43　导入图像

第 3 步：选择"图层"面板中的"图层 1"，单击"创建新图层"按钮，新建"图层 2"，如图 5-44 所示。

第 4 步：选择工具箱中的"椭圆选框"工具，绘制一个椭圆选区，将前景色设置为 #ff374a，按 Alt+Delete 组合键填充前景色，如图 5-45 所示。

图5-44　创建新图层

图5-45　绘制图形

第5步：向右移动椭圆选区，移至适合位置，按 Delete 键删除多余的图形，并按 Ctrl+D 组合键取消选区，如图 5-46 所示。

第6步：按 Ctrl+T 组合键，进入变形框编辑模式，对图形大小和角度进行调整，如图 5-47 所示。

图5-46　删除图形

图5-47　调整大小角度

第7步：重复步骤3 ~ 6，新建图层并制作另外 2 个图形，如图 5-48 所示。

第8步：新建"图层 5"和"图层 6"，选择工具箱中的"画笔"工具 ，在文档窗口中分别绘制 2 个图形，如图 5-49 所示。

图5-48　制作图形

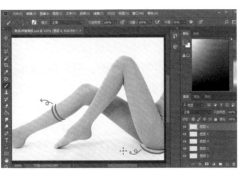

图5-49　绘制图形

第 9 步：打开素材包 \ 素材文件 \ 第 5 章 \5.4\"商品文案"图像文档，将商品图像拖曳导入到文档窗口中，如图 5-50 所示。

第 10 步：调整商品文案信息位置，最终效果如图 5-51 所示。

图5-50　导入图像　　　　　　　　　　　　图5-51　最终效果

5.4 图像特效专家——蒙版、滤镜

使用 Photoshop 处理图像时，如果只要求对图像的某一部分进行操作，其余部分不受各种处理操作的影响，这时候就需要用到"蒙版"工具。蒙版是一种灰度图像，其作用就像一张布，可以遮盖住图像中的一部分，当我们对整个图像进行填充、模糊、上色等操作时，被蒙版遮盖起来的部分不会显示。

5.4.1 蒙版、滤镜功能简介

■ 蒙版。Photoshop 中的蒙版是通过对不同的灰度色值转化为不同的透明度，并使它所在图层不同部位的透明度产生相应的变化。黑色为完全透明，白色为完全不透明，灰色为半透明（具体透明度以灰色值为准）。

■ 滤镜。Photoshop 中的滤镜主要是用来实现图像的各种特殊效果，它在 Photoshop 中具有非常神奇的作用。所有的滤镜效果都按分类放置在菜单中，使用时只需要从该菜单中执行相应菜单命令即可。

滤镜的操作是非常简单的，但是真正用起来需要综合考虑最终效果的需求。滤镜一般同操作工具、图层等联合使用。

Photoshop 中有很多滤镜命令能够帮助我们提高工作效率，本节将重点介绍美工在日常工作中最常用到的两个滤镜：模糊滤镜和液化滤镜。

在 Photoshop 中模糊滤镜效果共包括 11 种，模糊滤镜可以使图像中过于清晰或对比过于强烈的区域，产生模糊效果。

液化滤镜可用来推、拉、旋转、反射、折叠和膨胀图像的任意区域。

5.4.2　实例——利用蒙版制作商品图像倒影

在图层添加图层蒙版后，使用渐变工具可对被蒙版覆盖的图片制作柔和过渡的效果。渐变蒙版最大的优点是可以利用渐变工具进行快速、简便地修改。

下面将通过渐变蒙版效果来制作商品图像的倒影，具体操作步骤如下：

第 1 步：打开素材包 \ 素材文件 \ 第 5 章 \5.4\ "商品倒影" 图像文档，单击兔子图像，按 Ctrl+J 组合键复制该图像，如图 5-52 所示。

第 2 步：单击 "图层" 面板中的 "图层 1"，选择 "编辑" | "变换" | "变换" 菜单项，如图 5-53 所示。

图5-52　复制图像

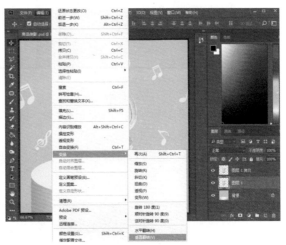

图5-53　选择菜单项

第 3 步：将 "图层 1" 的兔子移动文档窗口下侧，如图 5-54 所示。

第 4 步：单击 "图层" 面板中的 "添加图层蒙版" 按钮▣，为 "图层 1" 添加图层蒙版，如图 5-55 所示。

图5-54　移动倒立的兔子图像

图5-55　添加图层蒙版

第 5 步：选择工具箱中的"渐变"工具 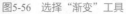，如图 5-56 所示。

第 6 步：在工具选项栏中，单击渐变色块右侧的倒三角按钮，在弹出的下拉面板中选择第一个渐变色，并单击"线性渐变"按钮 ，如图 5-57 所示。

图5-56　选择"渐变"工具

图5-57　设置相关参数

第 7 步：将鼠标指针移至倒立的兔子图案处，按住鼠标左键，从下往上绘制一条直线，如图 5-58 所示。

第 8 步：松开鼠标左键，即可将倒立的兔子制作出渐变蒙版效果，倒影过渡自然，如图 5-59所示。

图5-58　绘制渐变直线

图5-59　最终效果

5.4.3　实例——人像肌肤光滑处理

在处理模特图像时，用得最多的是皮肤光滑处理操作，该操作主要用到模糊滤镜，下面将进行详细地介绍，具体操作步骤如下：

第 1 步：打开素材包 \ 素材文件 \ 第 5 章 \5.4\"人像肌肤"图像文档，选择工具箱中的

"污点修复画笔"工具，如图 5-60 所示。

第 2 步：将鼠标指针移至鼻子上侧的斑点处，单击鼠标即可去除，如图 5-61 所示。

图5-60　选择"污点修复画笔"工具　　　　图5-61　去除斑点

第 3 步：重复步骤 2，将模特脸上的所有斑点都去除，如图 5-62 所示。

第 4 步：按 Ctrl+J 组合键复制模特人像，选择"滤镜"|"模糊"|"高斯模糊"菜单项，如图 5-63 所示。

图5-62　去除所有斑点　　　　　　　　图5-63　选择菜单项

第 5 步：在弹出的"高斯模糊"对话框中，设置"半径"为 2 像素，并单击"确定"按钮，如图 5-64 所示。

第 6 步：选择"图层"面板中的"图层 1"，按住 Alt 键，单击"添加图层蒙版"按钮，如图 5-65 所示。

第 7 步：选择工具箱中的"画笔"工具，并确保前景色为白色，涂抹脸部肌肤即可变光滑，如图 5-66 所示。

第 8 步：重复步骤 7，将需要变光滑的肌肤都进行涂抹，最终效果如图 5-67 所示。

图5-64　设置参数

图5-65　添加图层蒙版

图5-66　去除所有斑点

图5-67　选择菜单项

提示 在使用"画笔"工具涂抹人物肌肤时，需要避开眼睛、嘴唇等轮廓明显的部位，否则整体都会变模糊。

高手秘笈

技巧 1：下载并安装画笔

　　当 Photoshop 自带的画笔笔刷不够日常工作所需时，可以在互联网上下载，然后安装到软件中使用，非常方便。下面将介绍如何下载和安装画笔，具体操作步骤如下：

下载画笔

第1步： 打开IE浏览器，在地址栏输入"www.baidu.com"，按Enter键进入百度页面，如图5-68所示。

第2步： 在百度搜索栏中输入"PS画笔下载"，并单击"百度一下"按钮，如图5-69所示。

图5-68　打开百度网页　　　　　　图5-69　百度关键字

第3步： 选择一个画笔笔刷下载超链接，单击进入画笔笔刷下载页面，如图5-70所示。

第4步： 此时，弹出一个新窗口，在页面中找到需要的画笔笔刷，并单击该图案，如图5-71所示。

图5-70　选择　　　　　　　　　图5-71　百度软件名称

第5步： 此时，弹出一个新窗口，将页面拉至底部，选择下载地址，单击该超链接，如图5-72所示。

第6步： 在弹出的下载对话框中，单击"保存"右侧的倒三角按钮▼，在下拉列表框中选择"另存为"选项，如图5-73所示。

图5-72　选择下载链接　　　　　　图5-73　保存对话框

第 7 步：在弹出的"另存为"对话框中，设置相关参数，单击"保存"按钮即可下载该画笔笔刷，如图 5-74 所示。

安装画笔

第 1 步：打开 Photoshop，选择工具箱中的"画笔"工具 ，在工具选项栏中单击笔刷大小右侧的下拉按钮，弹出下拉菜单，单击右侧的"设置"按钮 ，在弹出的快捷菜单中选择"导入画笔"选项，如图 5-75 所示。

第 2 步：在弹出的"导入"对话框中，选择下载的画笔笔刷，并单击"载入"按钮，如图 5-76 所示。

图5-74　保存文件

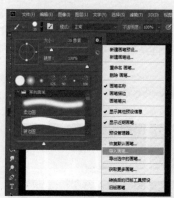
图5-75　打开百度网页

图5-76　百度关键字

第 3 步：按住鼠标左键拖曳下拉滑块，即可在底部找到新安装的画笔，如图 5-77 所示。

第 4 步：在文档窗口单击一下鼠标，即可绘制烟花图案，如图 5-78 所示。

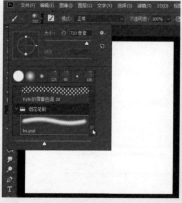
图5-77　打开百度网页

图5-78　百度关键字

技巧 2：载入系统全部自定义形状工具

Photoshop 的"自定义形状"工具默认是只展示一部分形状工具的，该软件本身自带多种形状工具，下面将介绍如何载入自带的自定义形状工具，具体操作步骤如下：

第 1 步：打开 Photoshop，选择工具箱中的"自定义形状"工具，如图 5-79 所示。

第 2 步：在工具选项栏中单击形状右侧的下拉按钮，弹出下拉菜单，单击右侧的"设置"按钮，在弹出的快捷菜单中选择"全部"选项，如图 5-80 所示。

图5-79　选择"自定义形状"工具

图5-80　选择菜单项

第 3 步：在弹出的"Adobe Photoshop"提示框中，单击"确定"按钮，如图 5-81 所示。

第 4 步：此时，将载入系统全部自定义形状工具，如图 5-82 所示。

图5-81　"Adobe Photoshop"提示框

图5-82　最终效果

技巧 3：利用圆角矩形工具制作闪光招牌

在淘宝网上经常能看到一些商品海报的文字周围做了闪光的招牌效果，既好看又吸引买家的注意力，这种效果其实能很简单地制作出来，下面将进行详细地介绍，具体操作步骤如下：

第 1 步：打开素材包\素材文件\第 5 章\高手秘笈\"闪光招牌"图像文档，选择工具箱中的"圆角矩形"工具，如图 5-83 所示。

第2步：在工具选项栏中进行相关的参数设置，并设置前景色为白色，如图5-84所示。

图5-83　选择"圆角矩形"工具　　　　　　　图5-84　设置相关参数

第3步：将鼠标指针移至文字处，绘制一个圆角矩形，如图5-85所示。

第4步：在"图层"面板中单击"添加图层样式"按钮 fx，在弹出的快捷菜单中选择"外发光"选项，如图5-86所示。

图5-85　选择"自定义形状"工具　　　　　　图5-86　选择菜单项

第5步：在弹出的"图层样式"对话框中，设置相关参数，如图5-87所示。

第6步：单击"确定"按钮，发光招牌制作完成，最终效果如图5-88所示。

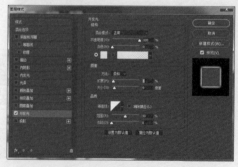

图5-87　设置相关参数　　　　　　　　　图5-88　最终效果

　　我们时常会在网店中看到一些商品的设计手稿，这种手稿图样能让买家感觉商品设计十分专业和精良。设计手稿并不需要手绘技能才能绘制出来，可以通过 Photoshop 中的相应操作和滤镜命令来制作这种效果，具体操作步骤如下：

　　第 1 步：打开素材包\素材文件\第 5 章\高手秘笈\"耳饰"图像文档，按 Ctrl+J 组合键复制出"图层 1"，如图 5-89 所示。

　　第 2 步：选择"图像"|"调整"|"去色"菜单项，如图 5-90 所示。

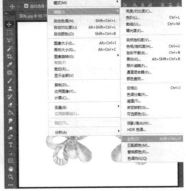

图5-89　复制图层　　　　　　　　　　　　　　　图5-90　选择菜单项

　　第 3 步：按 Ctrl+J 组合键复制出"图层 1 拷贝"，如图 5-91 所示。

　　第 4 步：选择"图像"|"调整"|"反相"菜单项，如图 5-92 所示。

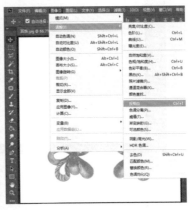

图5-91　复制图层　　　　　　　　　　　　　　　图5-92　选择菜单项

　　第 5 步：选择"滤镜"|"其他"|"最小值"菜单项，如图 5-93 所示。

　　第 6 步：在弹出的"最小值"对话框中设置"半径"为 2 像素，并单击"确定"按钮，如图 5-94 所示。

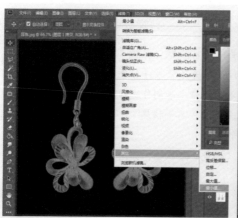

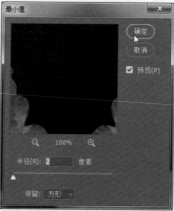

图5-93　选择菜单项　　　　　　　　　　　图5-94　设置半径

第7步：将"图层1拷贝"图层模式更改为"线性减淡（添加）"，最终效果如图5-95所示。

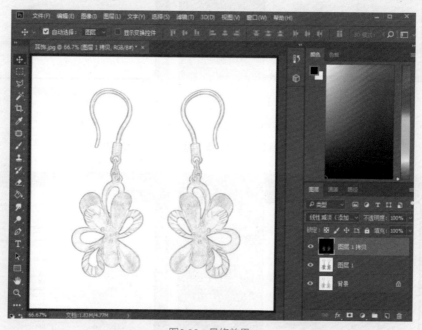

图5-95　最终效果

第6章

网店的色彩设计

本章导读 🔊

买家视觉感知中最快最直接的元素是色彩，无须语言和文字，色彩能在第一时间通过眼球反馈到大脑，唤醒和触发买家的感受、情绪。好的色彩图文展示更能吸引买家的目光，因此，掌握网店的色彩搭配知识，是美工非常重要的一部分。本章将介绍网店的基础色彩知识和配色方案，引导大家快速掌握色彩设计。

知识要点 🔊

- 了解网店的配色基础
- 学习网店的配色方法
- 掌握网店装修配色方案与应用
- 掌握常用配色工具及使用方法

6.1 网店配色基础

网店美工在初次接触到网店配色时，由于对色彩知识没有深入研究，在制作图片时常常不知所措。其实色彩蕴含着不可思议的力量，不同的色系对人的感官、心情、行为等产生着不同的影响。因此，网店配色是设计中非常重要的一部分。

6.1.1 色彩的分类

色彩是能引起买家视觉愉悦最为敏感的形式元素，它直接影响买家的感情。丰富多样的色彩可以分成两个大类，即无彩色系和有彩色系，下面将对这两大类色系进行详细地介绍。

1. 无彩色系

无彩色系是指除彩色以外的其他颜色，其按照一定的变化规律，由白色渐变到浅灰、中灰、深灰直至黑色，色彩学上称为黑白系列。它们没有明显的色相偏差，因此也称为"中性色"。无彩色系的颜色只有明度上的变化，不具备色相与饱和度的属性，也就是说它们的色相和饱和度在理论上等于零。色彩的明度可以用黑白度来表示，越接近白色，明度越高。

无彩色系中的任何一种颜色都可以用来调和有彩色系之间的搭配冲突，能让色彩之间过渡更自然。在无彩色系中，黑色能带给人庄重、肃穆的感觉；白色能给人带来明亮、清爽的感觉；而灰色则给人带来空灵、温和的感觉，在颜色搭配中，灰色的使用率更高，不仅仅是该色调能起到互补和调和的作用，而且能在由浅到深的色调变化中给画面增加层次感，如图6-1所示，主色调为无彩色系。

2. 有彩色系

有彩色系是指除无彩色系外的所有色彩，该色系具备色相、饱和度和明度三个属性。

不管是平面广告印刷，还是网页，其主色调一般都以有彩色系为主，有彩色系能传达更多强烈与丰富的视觉感受，如图6-2所示。

在网店的装修设计中，主要采用有彩色系，它更能表达商品主题思想，刺激买家的视觉官能，给买家留下深刻的浏览印象。

图6-1　主调为无彩色系

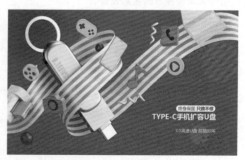

图6-2　主调为有彩色系

有彩色系的颜色种数繁多，人的眼睛可以分辨出来的达几十万种以上，而用专业的测色器则可以分辨出一百万种以上，而且颜色与颜色之间还存在互补的关系，如果画面中互补色比例适当，更能突出画面主体。

6.1.2 色彩的冷暖与情感

色彩本身没有冷暖的温度差别，但是它在视觉上引发了我们对冷暖感觉的心理联想，不同的颜色给人的感受不同，表达的情感也不相同，这些都取决于颜色的"色温"。

根据色彩对人们心理所产生的影响，色彩可以分为冷色、暖色和中性色。冷暖色并不是绝对的，而是相对的，冷色调色彩的亮度越高，给人的感受越偏暖；暖气调色彩的亮度越高，给人的感受越偏冷。冷、暖色系如图6-3所示。

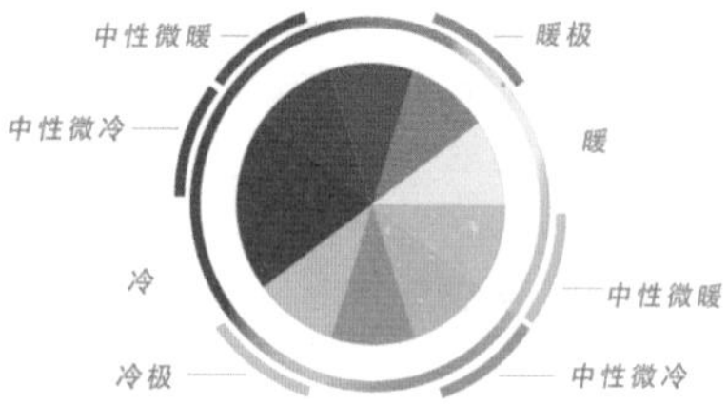

图6-3　冷、暖色调海报

1. 冷色

冷色调色彩包括蓝色、绿色、紫色以及由它们构成的色调等，这类色彩容易让人联想到天空、海洋、冰雪等场景，能给人恬静、理智、冷静、沉着及坚实的品质感受，适用于医药品、护肤品、教育机构及高科技商品等行业；同样也适用于季节性活动使用，如春季和夏季等，如图6-4所示。

2. 暖色

暖色调色彩包括红色、黄色及橙色等，这类色彩容易让人联想到太阳、火焰、热血等物象，能给人温暖、热烈、活泼、积极及健康的品质感受，适用于食品、儿童用品、保暖衣物等行业；同样也适用于季节性活动，如秋季和冬季等，在大型的活动海报中也常常用到这类色彩，如图6-5所示。

图6-4　冷色调海报

图6-5　暖色调海报

6.1.3 网店的色彩构成

网店的整体配色是一种非常重要的表达方式，它由主色、辅助色和点缀色组成，合理的色彩安排，更能吸引买家的眼球，店铺的各种信息才能够正确地传达出来。

1. 主色

网店的主色配比方法有两种，一种是根据行业受众人群或主题思想来选择合适的颜色，另一种是根据商品本身的色彩为基调来提取颜色。

网店的色彩并不是随心所欲挑个颜色就用的，刚接触网店工作的美工，可以先系统分析自己品牌受众人群心理特征，综合主题思想，再参考一下同行店铺的配色，进行考虑选择，如图 6-6 所示。

网店的存在就是为了销售商品，因此色彩的挑选都应以商品为主，可以根据商品的颜色以及店铺整体的装修风格基调这两个方面来配色。用一句话来阐述就是：以商品的颜色为基准（基色），以店铺装修整体风格基调为方向（目标），如图 6-7 所示。

在主色调确定之后，如果在后继的运营过程中，发现主色调并不是很合适，可以适当进行调整。

图6-6　根据主题确定主色

图6-7　根据商品确定颜色

2. 辅助色

网店的辅助色一般是根据主色来确定的，辅助色是为了更好地丰富画面和衬托页面，辅助色一般为主色的互补色、邻近色或无彩色系。如图 6-8 所示，红色为辅助色。

3. 点缀色

网店的点缀色是图片画龙点睛之笔，一般为主色的互补色，如图 6-9 所示，蓝色为点缀色。

图6-8 辅助色

图6-9 点缀色

6.1.4 网店的配色比例

日本的设计师提出过一个配色黄金比例，是 70 ∶ 25 ∶ 5，其中的 70% 为大面积使用的主色，25% 为辅助色，5% 为点缀色，如图 6-10 所示。一般情况下建议画面色彩不超过 3 种，3 种是指的 3 种色相，比如深蓝色和天蓝色可以视为一种色相。

一般来说色彩用的越少越好，色彩越少画面越简洁，作品会显得更加成熟，颜色越少我们越容易控制画面，如图 6-11 所示。除非有特殊情况，比如一些节日类的海报等，要求画面有一种热闹、活力的氛围，多些颜色可以使画面显得很活跃，但是颜色越多越要严格按照配色比例来分配颜色，不然会使得画面非常混乱，难以控制。

图6-10 主色、辅助色、点缀色比例

图6-11 色彩少的海报

6.2 网店的配色方法

在掌握色彩的基础原理及网店的配色原则后，发现用色彩准确地表达出店铺意向并不是一件困难的事。网店的配色方法往往是有规则可遵循的，下面将介绍 3 种配色方法。

6.2.1 相邻色搭配

相邻色是指在色环上任选一色，与其相距 90 度以内的色彩即称为相邻色，如图 6-12 所示。邻近色的特征往往是你中有我，我中有你，例如淡绿色与水蓝色，淡绿色以绿色为主，里面略有蓝色，水蓝色以蓝色为主，里面略有绿色，虽然这两种颜色在色相上有很大的差别，但视觉上的感受却相近。

在店铺设计中，搭配邻近色使用，能给人舒适、自然的感觉，因此这种色彩搭配使用率很高，如图 6-13 所示。

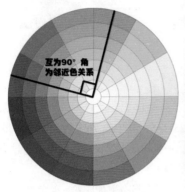

图6-12　相邻色

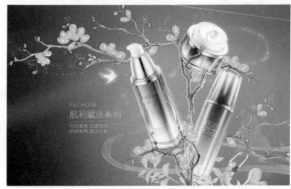

图 6-13　相邻色海报

6.2.2　间隔色搭配

间隔色，顾名思义就是有间隔的颜色，它们在色环中并不相邻，但组合在一起能产生强烈对比。例如红色和黄色、黄色和蓝色、蓝色和紫色、橙色和绿色、绿色和紫色、红色和粉色，如图 6-14 所示。

红配黄这种间隔色的搭配日常中最常见，应用于体现节日促销氛围、热闹场景、激情活力等，如图 6-15 所示。在间隔色搭配中，当一种颜色的饱和度比较高的时候，另一种颜色应降低饱和度或者明度。

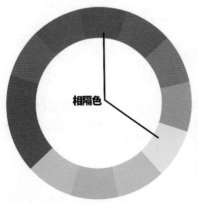

图6-14　相隔色

图6-15　相隔色海报

6.2.3 互补色搭配

互补色是指在色环上任选一色，与其相距 180 度的色彩即为互补色，如图 6-16 所示。例如红色与绿色互补，蓝色与橙色互补，黄色与紫色互补等。

在网店配色中，搭配互补色使用，能让商品主次一目了然。在一般的设计使用中，互补色中的两色占用的面积比例并不同，其中用作主色调的色彩面积更大，另一色则作为衬托和点缀，如图 6-17 所示。

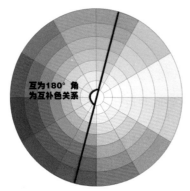

图6-16　互补色

图6-17　互补色海报

6.3 配色工具简介

不少美工在参考同行优秀的装修设计时，往往需要借鉴海报中的色彩，这时候可以使用一些小的专业配色软件来帮助生成色板，当然也可以通过软件自定义配色设计。

6.3.1 配色神器——ColorCube软件

ColorCube 软件是一款专为美工开发的配色软件，该软件可以对任意图片进行色彩分析并直接导出 Photoshop 色板，使用非常方便。ColorCube 软件同时拥有屏幕取色功能，可以随时随地显示鼠标位置的色彩编码，是美工的好帮手。下面将介绍如何使用 ColorCube 软件获取色板，并导入 Photoshop 中，具体操作步骤如下：

1. 分析海报色彩并导出色板

第 1 步：打开 ColorCube 软件，单击"打开一个图片或配色项目"按钮 ，如图 6-18 所示。

第 2 步：在弹出的"请选择打开文件"对话框中，将文件名右侧的文件类型设置为"图像文件"，打开素材包 \ 素材文件 \ 第 6 章 \6.3\ "护肤品海报"图像文档，并单击"打开"按钮，如图 6-19 所示。

图6-18 打开软件　　　　　　　图6-19 选择素材海报

第3步：返回ColorCube界面，护肤品海报将导入软件界面，单击右下角的"分析"按钮，如图6-20所示。

第4步：软件分析完毕后，单击右侧的色彩的"色彩索引"面板，即可看到该海报的主要色彩分析，如图6-21所示。

图6-20 分析色彩　　　　　　　图6-21 色彩索引面板

提示 蜂巢图、色板、色彩索引3种样式都可向用户展示海报中的主要配色，不同的仅是展示方式。

第5步：单击右侧色彩"色板"面板右下角的"导出色板文件"按钮，在弹出的快捷菜单中，选择"色板（*.ACO）"选项，如图6-22所示。

第6步：在弹出的"导出色板"对话框中，设置文件名字和保存位置，并单击"保存"按钮即可导出色板文件，如图6-23所示。

图6-22 "色板"面板

2. 在 Photoshop 中导入色板

第1步：打开 Photoshop 的一个空白文档，单击"色板"右侧的"设置"按钮▣，在弹出的快捷菜单中选择"载入色板…"选项，如图 6-24 所示。

第2步：在弹出的"载入"对话框中，选择素材包\素材文件\第6章\6.3\"护肤品海报色板"文档，如图 6-25 所示。

图6-23　导出色板文件

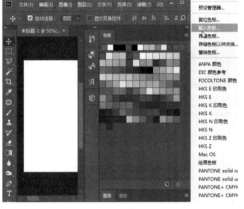

图6-24　载入色板

第3步：单击"载入"按钮，即可导入色板，如图 6-26 所示。

图6-25　选择色板文件

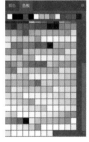

图6-26　导入色板

6.3.2　专业配色小精灵——ColorSchemer　Studio

ColorSchemer Studio 是一款强大的配色软件，虽然大小不到 5M，但无论在界面、配色、取色、预览还是方案分享等方面都非常出色。该软件不但可以自己配色，还可以根据提供的素材海报进行配色分析并导出色板。下面将介绍如何使用 ColorSchemer Studio 软件的自定义配色和获取色板操作，具体操作步骤如下：

1. 自定义配色

第 1 步：打开 ColorSchemer Studio 软件，在"调色板"面板选取需要的颜色，"色轮"面板即可匹配相应的相邻色、间隔色和互补色，如图 6-27 所示。

第 2 步：单击"混合器"选项卡，在该面板还可以对颜色的不同明度进行设置，在软件右上角可查看选定颜色的色彩编码，如图 6-28 所示。

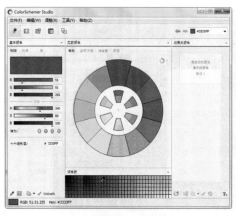

图6-27　选取颜色　　　　　　　　　　图6-28　设置明度

2. 分析海报色彩并导出色板

第 1 步：打开 ColorSchemer Studio，单击"图像方案"面板按钮，并单击该面板中的"打开"按钮，如图 6-29 所示。

第 2 步：在弹出的"打开图像…"对话框中，将文件名右侧的文件类型设置为"图像文件"，打开素材包 \ 素材文件 \ 第 6 章 \6.3\ "手机海报"图像文档，并单击"打开"按钮，如图 6-30 所示。

图6-29　"图像方案"面板　　　　　　图6-30　打开图像文件

第 3 步：单击"颜色"选项右侧的下拉按钮，根据需要设置颜色的获取数量，如图 6-31 所示。

第 4 步：单击"马赛克"按钮 ，即可将海报以马赛克的形式显示颜色，十分直观，如图 6-32 所示。

图6-31　设置颜色数量

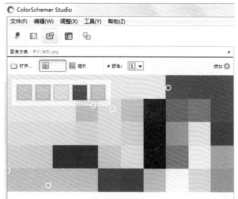

图6-32　马赛克海报

提示　ColorSchemer Studio 中的白色小圆圈是色块取色点，可根据需要移动取色点来显示获取不同的色彩。

第 5 步：选择"文件"|"导出向导"菜单项，如图 6-33 所示。

第 6 步：在弹出的"导出向导"对话框中，选择"Adobe Photoshop 调色板 ACO"选项，并单击"Next"按钮，如图 6-34 所示。

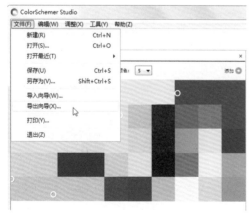

图6-33　选择菜单项

图6-34　设置色板格式

第 7 步：单击"浏览"按钮，如图 6-35 所示。

第 8 步：在弹出的"Export colors to⋯"对话框中，设置相应的保存路径和文件名，并单击"保存"按钮，如图 6-36 所示。

图6-35 "导出向导"对话框 图6-36 设置保存路径和文件名

第9步：返回"导出向导"对话框，单击"Export"按钮，即可导出色板文件，如图6-37所示。

图6-37 导出色板文件

提示 如何在 Photoshop 中导入色板，在 6.3.1 小节中已详细讲解，此处不再赘述。

6.4 店铺装修配色方案与应用

买家在逛淘宝店铺时，经常感觉有些网店装修虽然不是很华丽，但却让人赏心悦目；有些网店装修尽管很绚丽，但却让人眼花缭乱，造成这种结果的主要原因是店铺的配色方案与商品不搭。

网店的装修配色不但与商品本身有关，与季节和节日促销也有一定的关联，例如在春、夏季节会使用一些让人感觉清凉的蓝色、绿色等冷色调，在秋、冬季节会使用一些红色、橙色等暖色调。

6.4.1 红色系的配色方案与应用

红色能带给人温暖、健康及充满活力的感受，是一种视觉刺激感很强的色彩。在众多的色彩中，红色是色调最鲜明、最热烈的色彩，能表现出强烈的热情，更容易吸引买家的目光。

网店美工在制作节日促销海报时，红色是使用频率最高的一个颜色。在设计过程中，需要把握好红色的使用度，如果用色过度，容易造成视觉疲劳。在配色时，适当地加入黄色、橙色、白色和黑色等色彩点缀，能让页面视觉过渡更自然。常见的网店红色配色方案如图6-38所示。

在店铺页面色彩的应用中，红色和黄色向来是中国传统的喜庆色彩搭配，这种传统且色调浓烈的色彩能让买家联想到热闹场景，并感到激情活力，给人的促销感会更强烈，因此在大型的网购节日中，经常会用这种色彩，如图6-39所示。

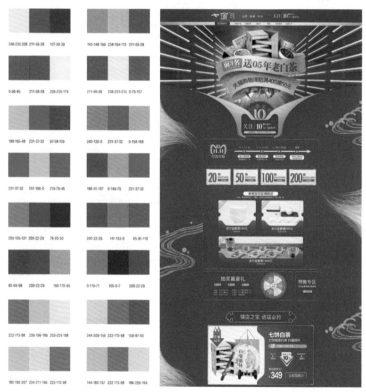

图6-38　网店常用红色配色方案　　　　图6-39　红色系海报

6.4.2 橙色系的配色方案与应用

橙色能带给人舒适且明快的感受，但没有红色那么强烈的刺激感。在整个色谱中，橙色具有一定的兴奋度，令人振奋，富有活力，能让人产生幸福的感觉。

橙色在红色和黄色的中间，其本身色调平衡性较好，它不但能强化视觉感受，还能通过改变其色调而营造出不同的情绪氛围。橙色既能表现出年轻的活力，也能传达出成熟的稳重感。常见的网店橙色配色方案如图6-40所示。

在网店色彩的应用中，橙色是一种引人注目和充满芳香的色彩，同时也是一种容易引起食欲的色彩。橙色主要适用于食品、儿童用品、家居用品等行业的网店，该色彩能营造出积极、活力及美味等情绪的氛围，如图6-41所示。

店铺在使用橙色系时，一般都会搭配使用少量的红色、蓝色或紫色等辅助色，且橙色系与黄色系相邻，它们所适用的网店行业基本一致。

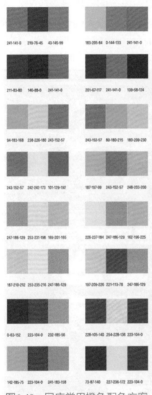

图6-40　网店常用橙色配色方案

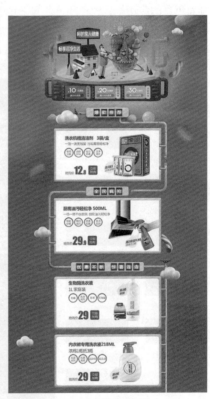

图6-41　橙色系海报

6.4.3　黄色系的配色方案与应用

黄色是所有色彩中亮度最高最醒目的颜色，能带给人明快、灿烂、愉快、高贵以及柔和的感受，同时还容易引起人们对味觉的条件反射，给人带来甜美感和香酥感。

黄色是阳光的色彩，能表现无拘无束的快活感和轻松感。黄色与其他颜色搭配时会显得比较活泼，具有快乐、希望和充满阳光般的个性。常见的网店黄色配色方案如图6-42所示。

在网店色彩的应用中，黄色主要用于华美、时尚、生动的商品，与红色不同的地方，在于它带给人的视觉刺激感是柔和的，比红色更能体现出华美感。

黄色主要适用于家用电器、儿童玩具、食品等行业的网店，很多高档商品的店铺适用黄色系，该色彩不仅能营造出华贵、阳光及美味等情绪的氛围，还能表现出节日喜庆和精致的感受，如图6-43所示。

黄色系和橙色系在表现阳光感及美味等情绪的效果是相同的。店铺在使用黄色系时，一般都会搭配使用少量的黑色、白色、红色或蓝色等辅助色。

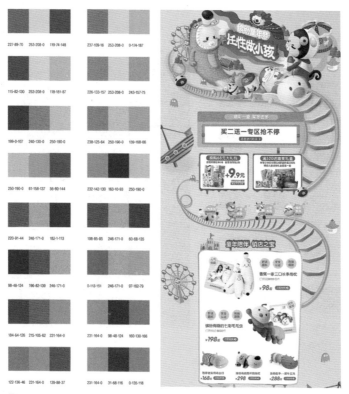

图6-42　网店常用黄色配色方案　　　　图6-43　黄色系海报

6.4.4　紫色系的配色方案与应用

紫色由温暖的红色和冷静的蓝色融合而成，它不但可以营造出梦幻且优雅的情绪氛围，还能完美地传达女性优雅艳丽的特性，表现出非凡的时尚感和热情感，十分抢眼。

紫色属于冷色调，与白色搭配时，能让页面看起来更加简洁、大气和优雅，而与黑色搭配时，能让情绪氛围显得更神秘；紫色与红色、黄色、橙色搭配时，能让页面的整体色调对比强烈，表达出非凡的时尚感，更容易让买家感受到激昂的情绪。常见的网店紫色配色方案如图6-44所示。

紫色主要适用于首饰、高端化妆品、成人用品等行业的网店，在制作节日促销页面时，各行业网店对紫色使用率也非常高，无论它所表达的感受是优雅还是激昂，都能让人一见难忘，如图 6-45 所示。

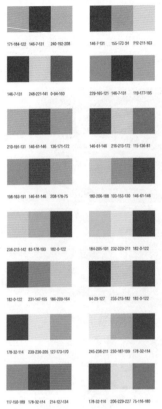

图6-44　网店常用紫色配色方案

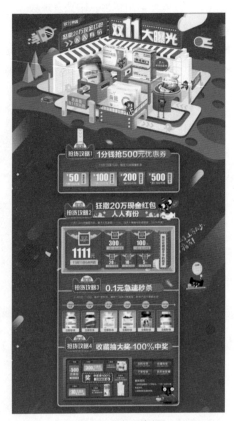

图6-45　紫色系海报

6.4.5　绿色系的配色方案与应用

绿色能带给人自然、活力、充满希望的感受，是最能表达出自然能量的色彩。

绿色在黄色和蓝色的中间，是一种亲和力很强的色彩，能让人感到舒适。绿色既能表现出大自然的生机勃勃感，更能传达出健康的感觉，因此也是网店使用最广泛的色彩之一。

由于绿色属于冷色调，如果整个页面单独使用这种色彩，画面会变得更冷静单调，因此加入少量辅助色和点缀色便能表现出难以想象的力量。常见的网店绿色配色方案如图 6-46 所示。

绿色能让人联想到环保、天然、健康方面的事物，主要适用于保健品、土特产、护肤品、儿童用品等行业的网店，如图 6-47 所示。

值得注意的是，不少销售护肤品的网店会根据包装的颜色来选择使用主打色系，如阿芙精油的紫色，丸美眼霜的红色等等，与品牌相得益彰，装修效果不错。

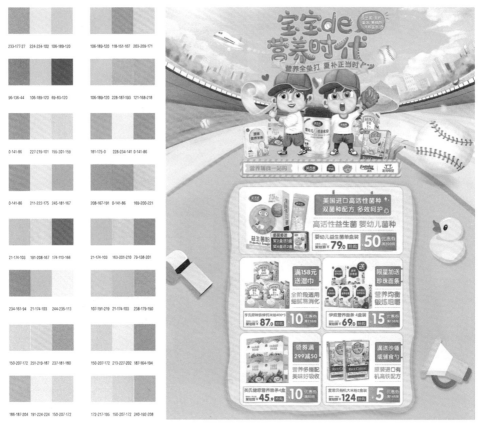

图6-46　网店常用绿色配色方案　　　　　　　　图6-47　绿色系海报

6.4.6　蓝色系的配色方案与应用

蓝色是冷色系中最具代表性的中心色，是一种能表现冷静和理性的色彩。蓝色不同于绿色和紫色，它没有混杂任何其他颜色，色相纯粹，给人理智和冷静的感受；而绿色和紫色，因为色彩中混杂了红色和黄色，尽管也属于冷色系，但表现出来的意象没有蓝色简明干脆。

在网店色彩的应用中，蓝色若使用得当，或小清新，或时尚大牌，是容易获得信任的色彩。在与红色、黄色、橙色等暖色系进行搭配时，页面的跳跃感会比较强，这种强烈的兴奋感容易感染买家的情绪；如果蓝色和白色搭配，页面则能表现出清新、淡雅的感觉，强调品牌感。常见的网店蓝色配色方案如图 6-48 所示。

蓝色能让人联想到科技、智慧、自然方面的事物，主要适用于数码商品、家用电器、清洁用品、汽车用品、医药品、海鲜、旅游类等行业的网店。店铺在使用蓝色系时，一般都会搭配使用白色、黄色等辅助色。该色系在夏季时，不少行业店铺活动海报都会使用到，给人清凉无比的爽快感，如图 6-49 所示。

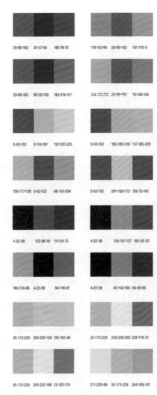

图6-48　网店常用蓝色配色方案　　　　图6-49　蓝色系海报

6.4.7　无彩色系的配色方案与应用

无彩色系搭配是指用白色、灰色和黑色来设计页面，它是经典的潮流色，永不过时。无彩色系色彩既能作为主色调来设计页面，也能作为其他色彩的辅助色搭配使用，是一种百搭的色彩。无彩色系几乎能与所有的色彩进行搭配。

如果在最初设计店铺时，难以选择颜色，可以尝试使用无彩色系的色彩，它是新手的安全设计色系。

1. 搭配白色的网店

白色能给人简洁、干净、明快、纯真的感受，是店铺中最常见的页面背景色。白色的明度最高，是一种能体现独特个性的色彩，容易与任何色彩搭配。白色极具时尚感与扩张感，整体页面使用白色时，画面会显得非常优雅、明亮和简洁，如图6-50所示。

2. 搭配灰色的网店

灰色能带给人素雅、沉着的感受，不会表现出极端强和极端弱的意象，属于中性色彩。灰色虽然能表现优雅感，但是如果整个页面只使用单一的灰色，会显得过于沉闷，从而产生消极感。在使用灰色设计页面时，应采用不同明度的灰色或搭配其他有彩色系色彩，从而提升开放感和力量感。

灰色主要适用于需要表现出优雅感的化妆品、居家用品、手表、家居服、奢侈品等行业网店，如图6-51所示。值得注意的是，过多使用灰色会给人消极感，因此页面常常会加入一些鲜艳的彩色。

3. 搭配黑色的网店

黑色是一种充满神秘且抑制力很强的色彩，能带给人高格调、稳重、庄严的感受，与黑色搭配使用的色彩都能被很好地衬托出来；如果背景采用黑色，则能最大程度地激起买家对神秘和幻想的向往情绪。

在网店色彩应用中，黑色几乎完全没有色相，一般通过调整黑色的明度来丰富细节和表现力，如图6-52所示。黑色适用于需要表现出神秘感和力量感的服饰、箱包、数码商品、汽车用品等行业网店。

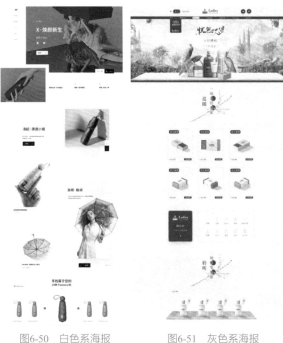

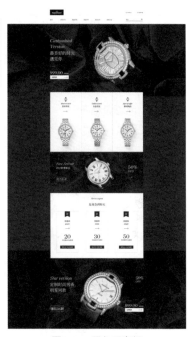

图6-50　白色系海报　　　　图6-51　灰色系海报　　　　图6-52　黑色系海报

高手秘笈

技巧1：新手装修配色的4大误区

1. 色彩使用过多

不少美工喜欢盲目跟风，今天看到这个店铺用了红色好看，就给自己所设计店铺也加个红色，明天看了另一家店铺用了紫色，马上就给自己所设计店铺加个紫色……一个星期改改加加，整个店铺就成了一个杂货店，各种颜色，五花八门，不忍直视。

网店页面装修色彩宜掌握在 3 种（色相）之内，最多不超过 5 种（包括小面积的点缀色），色彩越少，掌控度越高，页面也越整洁。如图 6-53 所示，左图整洁，色彩控制有度；右图色彩过多，不够整洁。

图6-53　海报颜色数量对比

2. 色彩风格不一

风格不一，是网店装修的大忌，首页卡通风格，商品详情页重金属风格，色彩搭配从轻快一下子转换为潮流，给人的感受就是店铺整体不协调，无整体感。

网店设计风格应与在售商品相符，针对买家人群的喜好，应用主题模板就不同，比如童装类的店铺可以用时尚可爱风格，这类风格宜使用明亮欢快的色彩，例如淡粉、鹅黄等，不宜使用黑色等色彩，风格与色彩应统一协调搭配，因此无论是首页装修还是详情装修最好采用同一风格和色系，使店铺更有整体感，如图 6-54 所示。

图6-54　海报风格对比

3. 色彩跳跃性大

许多网店动不动就大片使用大红大绿等高明度的颜色，进店就让人感觉进了杂货店。

节日促销海报的配色为了力求热情和刺激，迎合热点，基本都会使用大红大紫等跳跃性高的色彩。但在日常的页面装修工作中，尽量要避免使用跳跃性高的多色彩组合，一来容易让买家视觉疲劳，二来舒适性降性，这都极大影响了店铺的浏览量，如图6-55所示。

图6-55　海报色彩对比

4. 色彩喧宾夺主，无法辨别商品

网店装修最终目的是为了更好地展示商品，让买家有良好的购物体验。但有些美工一味考虑色彩搭配，而忽略网店商品本身的色彩。在进行色彩搭配时，使用与商品颜色饱和度一致的色彩或背景色彩过于突出，喧宾夺主，买家无法辨别商品，如图6-56所示。在进行色彩搭配时，应首要考虑商品本身色彩，再进行色彩搭配。

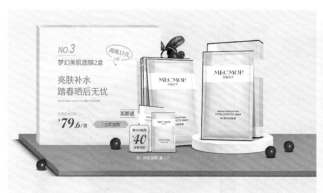

图6-56　海报背景对比

技巧2：巧用菜单命令将有彩色系商品图片调整成无彩色系

在制作概念性促销海报时，经常会用到无彩色系的商品图片，这时可以使用"黑白"命令进行更换，尤其适合有质感的商品图像。

下面将进行详细地介绍，具体操作步骤如下：

第1步：打开素材包\素材文件\第6章\高手秘笈\"黑白"图像文档，是一款有质感的皮包，如图6-57所示。

第2步：选择"图像"|"调整"|"黑白"菜单项，如图6-58所示。

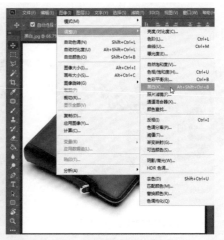

图6-57　打开图像文件　　　　　　　图6-58　选择菜单项

第3步：在弹出的"黑白"对话框中，设置相应的参数，单击"确定"按钮，如图6-59所示。

第4步：最终效果如图6-60所示。

图6-59　"黑白"对话框　　　　　　　图6-60　最终效果

技巧3：巧用菜单命令调整商品图像的色彩明度

发现商品图像的色彩明度过于暗时，商品细节得不到很好的展示，这时可以使用"色阶"命令菜单来进行调整。该菜单命令用直方图来表示整张图片的明暗信息，它只能调整色彩的明度，不能调整色彩的色相。

下面将进行详细地介绍，具体操作步骤如下：

第1步：打开素材包\素材文件\第6章\高手秘笈\"色阶"图像文档，商品图像整体偏暗，过于饱和，如图 6-61 所示。

第 2 步：选择"图像"|"调整"|"色阶"菜单项，如图 6-62 所示。

图6-61　打开图像文档　　　　　　　图6-62　选择菜单项

第 3 步：在弹出的"色阶"对话框中，设置相应的参数，单击"确定"按钮，如图 6-63 所示。

第 4 步：最终效果如图 6-64 所示。

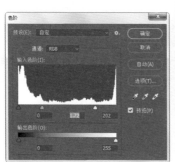 

图6-63　"色阶"对话框　　　　　　图6-64　最终效果

提示 从图 6-63 所示的"色阶"对话框可以看到有 3 个调整点（它们分别代表灰度、平衡、高光），通过拖动这 3 个点来调整图像的亮度。也可以在下面的输入框中输入数字来调整。从左到右是黑—灰—白的分布。

第7章

网店文字设计与图文版式设计

本章导读

　　文字处理和图文版式设计是网店美工需要掌握的重点部分，它主要考验美工对设计基础理论知识的运用，良好的创意加上 Photoshop 的技术呈现，就可设计出优秀的作品。本章着重介绍文字处理和图文版式设计的技巧，加上适量的例子引导大家快速学会处理图文设计。

知识要点

- 文字的设计基础
- 使用 Photoshop 处理与设计文字
- 使用 Photoshop 进行图文版式设计

7.1 文字的设计基础

在使用 Photoshop 处理图文设计前，需要先对文字的字体类型、风格等基础知识进行了解和掌握，然后进一步学习文字的编排规则和创意文字的设计方法。

7.1.1 美工常用的网店装修字体

随着商家对版权意识的加强，大部分商用字体都受版权保护，在使用字体时，要注意区分版权，以免承担法律责任。这里列举一些免费且常用的商用字体：宋体、黑体、楷体、黑源黑体系列等，目前在免费字体中，网店美工用使用率最高的是黑源黑体。

在收费字体中，方正系列、微软简标宋、方正仿宋、造字工房系列、迷你简准圆等字体使用率较高，视觉效果不错。

在设计海报的时候，网店美工大部分时候可使用各种收费字体，例如造字工房等，但后期都会在原来的字体结构上进行相应的变形更改，来达到突出效果和避免版权问题。

7.1.2 选择适合装修风格的字体

行业不同，消费买家不同，其网店的字体装修风格也是不同的。字体根据粗细，可划分成男性字体、女性字体、儿童字体等。根据店铺性质，还可划分成促销字体、高端商品、文艺字体等。

- 男性商品字体：男性给人硬朗、粗犷、力量、稳重、大气等印象，一般采用笔画粗大的黑体类字体，或者有棱角之类的，大小、粗细搭配，有主有次，如图 7-1 所示。
- 女性商品字体：女性给人柔软、纤细、秀美、气质、时尚等印象，一般采用纤细、秀美、线条流畅等的字体，如宋体等，如图 7-2 所示。

图7-1 男性字体

图7-2 女性字体

- 儿童商品字体：儿童给人可爱、活泼、活力等印象，一般采用圆润、卡通等的字体，如迷你简准圆等，如图 7-3 所示。
- 促销型字体：促销给人等刺激、冲动、特别突出等印象，一般采用粗大、倾斜、变形等的文字，字体如方正粗黑、方正谭黑、造字工房力黑等，如图 7-4 所示。

图7-3 儿童字体

图7-4 促销型字体

- 高端商品字体：高端商品给人高端昂贵等印象，一般采用纤细、小、优美、简约等字体，如宋体等，画面简洁，如图 7-5 所示。
- 文艺商品字体：文艺风格给人复古、典雅等印象，一般采用笔画较细的字体，或采用竖向排版，字体如楷体等，如图 7-6 所示。

图7-5 高端商品字体

图7-6 文艺商品字体

7.1.3 美工必知的文字的编排规则

美工在进行字体排版设计过程中，尤其是新手设计师，经常因为选择过多、错误的字体或混乱的图文排版导致图片出现主次不分、主题表达不到位等问题。下面将列举 5 种网店美工必知的文字编排规则，帮助大家避免这些问题。

1. 选择合适的字体

字体的选择是有规则可遵循的，既可以从店铺主要消费买家的特征入手，比如男装、女装等，可选用符合这类人群心理的字体；还可以从店铺商品所表达的气质入手，比如高端、文艺等属性，可选用相应属性的字体（7.1.2 节已具体分析过），如图 7-7 所示，左图更有质感。

图7-7 字体对比

2.选择适量的字体

良好的字体搭配对于提升可读性非常重要，在同一个页面中，选择的字体不要超过 3 种，过多的字体会影响画面美感，如图 7-8 所示，左图两种字体，右图五种字体。

3.选择合适的字号

当一个图片文档中有一个大标题和一个小标题的时候，字号大小决定画面的视觉层次感。图片文档尺寸有

图7-8　字体数量对比

大有小，字号大小应根据主题中心思想来决定，并以视觉舒适感佳加以改善。如图7-9所示，左图字号大小合适，右图字号大小不符合商品主题。

4.调整合适的字间距

草率的字间距调整是设计工作中的大忌。字间距调整的主要目标是确保文字显得不拥挤或者过于懒散，合适的字间距能纾解视觉阅读疲劳，提升文字辨认率。如图 7-10 所示，左图字间距合适，右图过于紧缩，很难辨认。

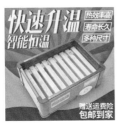

图7-9　字体大小对比　　　　　　　图7-10　字间距对比

5.选择正确的对齐方法

对齐在字体排版设计中是一个必须掌握的技能。左对齐和居中对齐，是排版设计中最常见的方式，也是阅读最舒服的对齐方式之一。如图 7-11 所示，左图文字统一采用居中对齐方式，右图文字摆放随意。

在图片文档中，由于有商品的陈列，在考虑文字对齐时需要综合考虑这些因素，必要时可使用 Photoshop 中的参考线进行对齐设置。

6.避免拉伸字体

避免拉伸字体是一个非常简单的规则，实际上很多美工经常会忽视这一点。通常情况下，拉伸字体的原因是想把字体变得更高或更宽。有一个不让字体变形的方法是，从不断更新的字体网站上选择更高或更宽的字体。使用时应注意版权问题。如图 7-12 所示左图字体为正常比例，右图字体被拉伸。

图7-11　字体对齐对比

图7-12　字体拉伸对比

7.1.4　创意文字的设计方法

创意文字一般用于商品海报中，主要用来制作活动主题，很少用在商品详情里。创意文字相比于普通的字体更具视觉冲击力和感染力。下面介绍5种美工常用的创意文字设计方法，引导大家快速掌握设计重点。

1. 替换法

替换法是在统一形态的文字中，根据商品或主题加入相关的图形或文字元素。其本质是根据文字的内容意思，用某一形象替代字体的某个部分或某一笔画，替换过的文字形象在形象和感官上都增加了一定的艺术感染力，如图 7-13 所示。

2. 共用法

"笔画共用"在创意文字设计中是一种广泛运用的形式。文字是一种视觉图形，它的结构线条有着强烈的构成性，可以从构成角度来看笔画之间的异同，寻找笔画之间的内在联系，找到它们可以共同化的一点，把它提取出来合而为一，如图 7-14 所示。

图7-13　替换法　　　　　　　　　　　　　图7-14　共用法

3. 叠加法

叠加法是将文字的笔画互相重叠或将字与字、字与图形相互重叠的表现手法。叠加能使图形产生 3D 立体感，通过叠加能让字体更加饱满，增加了设计的内涵和意念，让单调的字体形象丰富起来，如图 7-15 所示。

4. 俏皮设计法

俏皮设计法主要用在母婴行业的商品海报上，基本是将一些卡通字体的结构线条处理成圆弧，直角也会处成圆角，突出"安全无害、萌"等效果。使用该设计方法的字体，其色彩也会处理得比较饱满，以凸显主题，如图7-16所示。

5. 尖角设计法

通过Photoshop后期处理把字的角统一变成直尖、弯尖、斜卷尖，这种设计方法叫尖角设计法，尖角文字看起来比较硬朗，如图7-17所示。

图7-16　俏皮设计法

图7-15　叠加法

图7-17　尖角设计法

7.2　使用Photoshop处理与设计文字

在学习文字处理的基础知识后，需要掌握Photoshop对字体工具的使用和运用。这些基本操作熟练后，对图文编排有很大的帮助。

7.2.1　字体的下载与安装

工欲善其事，必先利其器。计算机操作系统自带的字体比较少，无满足网店美工的日常使用。此时可以从互联网上下载无版权纠纷的字体。下面以"思源黑体"为例，详细介绍如何下载字体及安装，具体步骤如下：

第1步：打开IE浏览器，在地址栏输入"www.baidu.com"，按Enter键进入百度页面，如图7-18所示。

第2步：在百度搜索栏中输入"思源黑体"，页面将自动出现该字体的搜索信息，如图7-19所示。

图7-18　打开百度网页　　　　　　　　　　图7-19　百度字体名称

第3步：选择一个 Photoshop 下载超链接，单击进入该软件下载页面，如图 7-20 所示。

第4步：此时，弹出一个新页面，将页面拉至中部，单击"下载地址"按钮，如图 7-21 所示。

图7-20　进入下载页面　　　　　　　　　　图7-21　单击下载按钮

第5步：在弹出的下载对话框中，单击"保存"右侧的倒三角按钮 ▼，在下拉列表框中选择"另存为"选项，如图 7-22 所示。

第6步：在弹出的"另存为"对话框中，设置相关参数，单击"保存"按钮即可下载"思源黑体"字体，如图 7-23 所示。

图7-22　下载对话框　　　　　　　　　　图7-23　"另存为"对话框

第 7 步：打开素材包 \ 素材文件 \ 第 7 章 \7.2，选择"思源黑体"，如图 7-24 所示。

第 8 步：双击鼠标，在弹出的"Source Han Sans CN Normal（TrueType）"窗口中，单击"安装"按钮，如图 7-25 所示。

图7-24　选择字体　　　　　　　　　　　　图7-25　安装字体

第 9 步：此时将弹出"正在安装字体"对话框，系统开始安装字体，安装完毕后将自动关闭对话框，如图 7-26 所示。

7.2.2　认识Photoshop的文字工具

图7-26　"正在安装字体"对话框

安装好字体后，Photoshop 将会自动载入这些字体，可以通过文字工具输入和设置字体。文字工具在 Photoshop 的工具箱中，单击工具箱中的"T"形按钮右侧的小三角图标，即可展开该文字工具的四种不同文字类型工具："横排文字"工具、"直排（竖排）文字"工具、"横排文字蒙版"工具、"直排（竖排）文字蒙版"工具。如图 7-27 所示。

选择文字工具后，工具选项栏将转换成相应的字体选项设置，如图 7-28 所示。

图7-27　文字工具　　　　　　　　　　　　图7-28　文字工具选项栏

设置字体：单击工具选项栏中的字体，即可弹出字体下拉列表，可根据需要选择字体，如图 7-29 所示。

设置字体大小：单击工具选项栏中的字体大小，即可弹出字体大小下拉列表，可根据需要选择数值，也可直接手动输入相应的数值，如图 7-30 所示。

设置字体边缘样式：默认为"锐利"，不同版本默认值可能不一样，可根据需要选择，如图 7-31 所示。

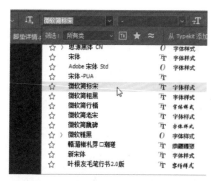

图7-29　设置字体　　　　　图7-30　设置字体大小　图7-31　设置字体边缘样式

设置文本对齐方式：默认是"左对齐"，使用频率较低，因为 Photoshop 中的文字是可以随意挪动的，如图 7-32 所示。

图7-32　设置对齐方式

设置文字颜色：单击该色块，将弹出"拾色器（文本颜色）"对话框，可在该对话框中选择需要的颜色，如图 7-33 所示。

设置文本变形：默认是无，使用频率较低，在制作特殊文字时才会用到，如图 7-34 所示。

图7-33　设置文字颜色　　　　　　图7-34　设置字体变形

切换字符和段落面板：设置综合文字样式控制板（文字加粗、左右上下间距、缩进、字体等等），如图 7-35 所示。该面板也可通过菜单命令单个调出，更便捷。

设置好字体工具参数后，在图像文档中单击鼠标，即可进入文字编辑状态，输入文字后，单击工具箱中的"移动"工具或者按 Ctrl+Enter 组合键即可退出文字编辑状态。

图7-35　切换字符和段落面板

设计无忧
电商美工Photoshop实战技术

7.2.3 实例——制作水壶详情商品说明（段落文本的输入）

使用文字工具在图像文档中拖曳鼠标绘制文本框，在文本框中输入的文字就是段落文本。段落文本一般用于输入大量文字信息，在商品详情中使用频率较高。

下面将介绍如何绘制文本框及输入段落，具体操作步骤如下：

第 1 步：打开素材包\素材文件\第 7 章 \7.2\"儿童水壶"图像文档，选择工具箱中的"横排文字"工具 **T**，在工具选项栏中设置相关参数，并设置前景色为 # 1b4432，如图 7-36 所示。

第 2 步：将鼠标指针移至左上侧，按住鼠标左键并拖曳绘制一个文本框，如图 7-37 所示。

第 3 步：在文本框中输入相关文字，如图 7-38 所示。

图7-36　设置横排文字工具

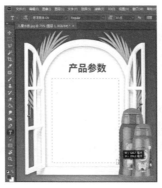
图7-37　绘制文本框

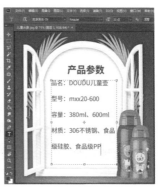
图7-38　输入文字

第 4 步：按 **Ctrl+A** 组合键选择全部文字，选择"窗口"|"字符"菜单项，如图 **7-39** 所示。

提示 受文本框的长度限制，输入的文字超出文本框将被隐藏，调整文字的行距和大小或者文本框的长度即可显示被隐藏的文字。

第 5 步：在弹出的"字符"面板中，设置行距为 70 点，如图 **7-40** 所示。

第 6 步：单击工具箱中的"移动"工具，即可退出文字编辑模式，最终效果如图 **7-41** 所示。

图7-39　选择菜单项　　　　图7-40　"字符"面板　　　　图7-41　最终效果

提示 按 **Ctrl+Enter** 组合键，也可退出文字编辑模式。

第 **7** 章　网店文字设计与图文版式设计

7.2.4 实例——制作圣诞节海报创意文字（替换法）

商品海报中一般都会用到创意文字，创意文字的具体设计方法在 7.14 小节中讲解过，创意文字相比于普通的字体更具视觉冲击力和感染力。下面将详细介绍如何制作创意文字，具体操作步骤如下：

第 1 步：打开素材包＼素材文件＼第 7 章＼7.2＼"圣诞海报"图像文档，选择工具箱中的"横排文字"工具 T，在工具选项栏中设置相关参数，并设置前景色为 # 00653b，如图 7-42 所示。

第 2 步：在文档窗口适当位置输入相关文字，并按 Ctrl+Enter 组合键退出文字编辑模式，如图 7-43 所示。

图7-42 选择"横排文字"工具

图7-43 输入文字

第 3 步：在"图层"面板中选择文字图层，单击鼠标右键，在弹出的快捷菜单中选择"转换为形状"选项，如图 7-44 所示。

第 4 步：选择工具箱中的"钢笔"工具 ，按住 Ctrl 键单击选择"圣"字左下侧的锚点，并移动该锚点至合适位置，松开 Ctrl 键，如图 7-45 所示。

第 5 步：使用工具箱中的"缩放"工具 放大文档窗口，继续使用"钢笔"工具 ，按住 Alt 键单击锚点，将其转换成直线锚点，如图 7-46 所示。

图7-44 "图层"面板

图7-45 调整锚点

图7-46 转换锚点

设计无忧 电商美工Photoshop实战技术

第 6 步：重复步骤 5，将"圣"字上的相关锚点都转换成直线锚点，松开 **Alt** 键，继续按住 **Ctrl** 键并适当调整这些锚点的位置，调整完毕后松开 **Ctrl** 键，如图 7-47 所示。

第 7 步：重复步骤 4 ～ 6，根据文字效果需要，对整个文字的相关锚点进行相关调整，效果如图 7-48 所示。

图7-47　调整锚点

图7-48　调整锚点

第 8 步：使用工具箱中的"缩放"工具🔍缩小文档窗口，打开素材包＼素材文件＼第 7 章 ＼7.2＼"圣诞帽"图像文档，将其拖曳导入到文档窗口中，如图 7-49 所示。

提示　步骤 3 ～ 7 是使用 Photoshop 对文字结构进行改变，制作类型的创意字体均可使用这种方法，这部分需要重点掌握。

第 9 步：按 **Ctrl+T** 组合键，进入变形框编辑模式，对图形大小、角度进行调整，调整完毕后按 **Enter** 键完成最终制作，如图 7-50 所示。

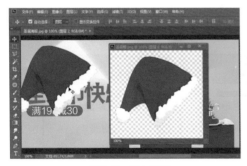
图7-49　导入图像

图7-50　最终效果

7.2.5　实例——制作跑步机详情路径文字

路径文字最大的优势就是文字可以随任意形状的路径进行输入，在美工日常工作中，这种文字制作方法非常受欢迎。

下面将介绍如何制作路径文字，具体操作步骤如下：

第1步：打开素材包\素材文件\第7章\7.2\"跑步机"图像文档，选择工具箱中的"椭圆"工具 ，在工具选项栏中，工具模式为"路径"，如图7-51所示。

第2步：将鼠标指针移至文档窗口中，按住Shift键，绘制一个圆形路径，如图7-52所示。

第3步：选择工具箱中的"路径选择"工具 ，将圆形路径移至合适的位置，如图7-53所示。

图7-51　选择"圆形"工具　　　图7-52　绘制圆形路径　　　图7-53　调整路径位置

第4步：设置前景色为白色，选择工具箱中的"横排文字"工具 ，设置字体为"思源黑体"，字体大小为45，将鼠标指针移至圆形路径周围，鼠标指针将变成路径文字样式，如图7-54所示。

第5步：单击鼠标，圆形路径将变成文字路径模式，输入相关文字，如图7-55所示。

第6步：按Ctrl+T组合键，进入变形框编辑模式，对路径大小进行调整，即可完成路径文字的制作，如图7-56所示。

图7-54　选择"横排文字"工具　　　图7-55　输入文字　　　图7-56　调整路径大小

提示　在实际操作中，可根据需求灵活调整路径的大小和位置，操作步骤不需要按部就班。

7.3 使用Photoshop进行图文版式设计

版式设计是指美工根据商品和视觉需求，在尺寸固定的有限版面内，运用相关要素和形式原则，根据商品内容的需要，将商品图像（图形）、文字和色彩等视觉传达信息要素，进行规律性的组合排列的设计行为与过程。

那么在保证能完整表达出商品信息后，如何设计出美观的文字图片，是美工需要掌握的一个重点。

7.3.1 网店美工必知的版式设计类型及编排关系

随着人们审美水平的提升，网店的视觉设计趋于简洁化，在店铺首页和商品详情中，图文编排方式显得尤为重要。

基础的图文编排方式共有四种，分别是左对齐、居中对齐、轴对称、右对齐，其中使用频率最高的是左对齐和居中对齐，这种编排方式十分便于浏览，符合人们的日常习惯。

在网店版式设计中，其类型繁多，实际美工工作中常用的主要有4种：标题型、标准型、偏心型和中轴型。

1. 标题型版式

在标题型版式中，文字标题领先展示，顺着视觉浏览习惯逐步向下，依次是说明文字、标语、品牌名和商品图片等。标题文字领先，与商品相呼应的说明文字以组合形式围绕标题展示，标语和品牌名等小文字则起到注释作用，如图7-57所示。

图7-57　标题型版式

在标题型版式下，图文主要采用居中对齐方式，即让图文的整体设计要素居于图像文档中间。它的优点是让画面看起来更具整体感，具有匀称整齐的视觉浏览效果。

居中对齐虽然能让画面看起来匀称整齐，但同时也会让画面失去活力，这时可以适当地在画面左右任意一边加上一些设计，打破平衡，产生律动，一般通过图案、色彩这些元素来设计。

提示 文本图层与图像图层的对齐，可通过工具选项栏中的各种对齐工具进行对齐。

2. 标准型版式

利用漂亮有质量的商品图片或模特图片容易吸引人的特点，将其编排在图像文档的"最佳区域"，顺着视觉浏览习惯逐步向下，依次是说明文字、标语、品牌名等。对于这种图文并茂的标准型版式，极大地迎合了人们习惯看图视文的心理需求，浏览率较高，如图7-58所示。在标准型版式下，图文排版主要采用图文居中对齐。

3. 偏心型版式

偏心型版式又称"图文半分型"版式，如果文字排在左侧，商品图片则排在右侧，或相互反之。图文编排于哪一侧更合理，取决于图中视线的走向及商品位置，如图7-59所示。

偏心型版式中，文字主要使用左对齐或右对齐方式。在一个页面中，不管是多么杂乱无章的图文信息，只要字与字对齐，就会显得井然有序，富有美感。不论是竖版还是横版，均可采用左对齐方式。

在商品详情图片中，左、右对齐排列方式是经常交替使用的，主要是为了防止视觉疲劳，但由于长久以来，人们养成了从左往右阅读和浏览习惯，右对齐文字浏览效果往往被削弱。

图7-58 标准型版式

图7-59 偏心型版式

在偏心型版式中，还有一种特殊的图文"装箱式"排列，它将文本编排在同一个方框内，这种排法看起来十分美观。

"装箱式"文本输入，通常是先把文本输入排列好，再根据文本的面积绘制边框，如图7-60所示。边框一般使用不太显眼的细线，如果需要突出此部分，可以用粗线、花边或醒目的颜色。

过多使用边框会使页面丧失整体感，在图文编排中需要适量使用边框。最具稳定性和传

设计无忧 电商美工Photoshop实战技术

统性的边框是四边形，如果要使边框看起来更加柔和可将四角变圆；圆形比较适合象征性或者需要突出文本；箭头形状一般指示图文信息方向。

4. 中轴型版式

中轴型版式以图像文档为中心，商品插图、标图、说明、标语等整体有规律地向无形或者有形的中心轴两旁编排。

轴对称版式有强烈的顺序感和归纳感，其版面简洁，信息明确，在一个页面中，图文较多用到此种对齐方式。

中轴型版式包含两种不同的排列，一种是轴对称，如图 7-61 所示。另一种是以一个点为中心，相同图案环绕一点的点对称，也称作"中心对称"（本章 7.2.5 例子即为中心对称）。

图7-60　"装箱式"排列　　　　　　　　　　　　　　图7-61　轴对称

中轴型版式中，文本一般根据具体的需要来确定文字对齐方式。

7.3.2　实例——制作店铺好评返现卡片

为了提高店铺的好评率和评分，几乎每个淘宝店铺都会做好评返现卡来引导买家好评晒图。一般的好评返现卡可根据自身的需求来制定尺寸（尺寸越小、数量越多，广告制图公司收费越少），在制作这类打印图片时务必将图像文档分辨率调至 300 像素以上。

下面将通过一个好评返现的卡片来进行简单有效的图片版式设计，具体操作步骤如下：

第 1 步：打开 Photoshop，创建一个宽度为 450 像素，高度为 700 像素，分辨率为 300 像素的"好评返现"文档，如图 7-62 所示。

第 2 步：在工具箱中设置前景色为 # c0353d，按 Alt+Delete 组合键填充前景色，如图 7-63 所示。

第 3 步：设置前景色为 # 921b1d，选择工具箱中的"椭圆"工具 ，在图像文档中绘制一个椭圆，如图 7-64 所示。

第 4 步：单击工具箱中的"移动"工具 ，按住 Ctrl 键，分别选择"背景"和"椭圆 1"图层，单击工具选项栏中的"水平居中对齐"按钮，设置椭圆居中对齐，如图 7-65 所示。

图7-62 创建文档

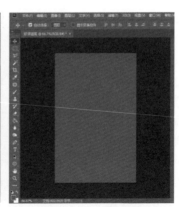
图7-63 填充前景色

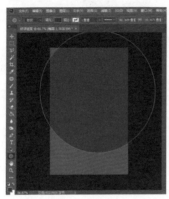
图7-64 绘制椭圆

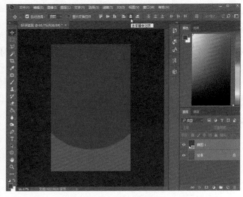
图7-65 设置椭圆居中对齐

第 5 步：重复步骤 3、4，绘制一个颜色为 # e72e34 的椭圆，并设置为水平居中对齐，如图 7-66 所示。

第 6 步：打开素材包 \ 素材文件 \ 第 7 章 \7.3\ "店铺商标"图像文档，将商品图像导入到文档窗口中，并设置为水平居中对齐，如图 7-67 所示。

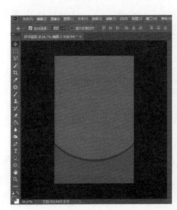
图7-66 绘制椭圆

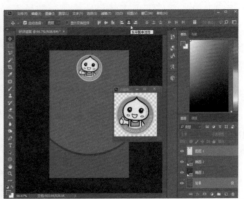
图7-67 导入图案并居中对齐

提示 店铺商标这个区域,大家可根据实际工作需求将自家淘宝店铺商标放上来。

第7步:设置前景色为白色,选择工具箱中的"圆角矩形"工具█,绘制一个半径为10像素的矩形,并设置为水平居中对齐,如图 7-68 所示。

第8步:设置前景色为 # e72e34,选择工具箱中的"横排文字"工具█,在工具选项栏中设置相关参数,并输入相关文字,如图 7-69 所示。

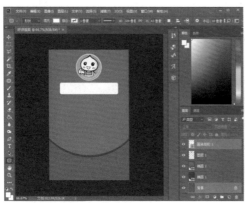

图7-68 绘制圆角矩形　　　　　　　　图7-69 输入文字

提示 文字颜色除了在工具选栏中设置外,还可以直接设置前景色,文字工具默认以前景色为当前文字颜色。

第9步:设置前景色为白色,选择工具箱中的"横排文字"工具█,在工具选项栏中设置相关参数,并输入相关文字,如图 7-70 所示。

第10步:按住鼠标左键,向右拖曳即可单独选择"5元"两个字,在工具箱中单击"前 / 背景色"色块,在弹出的"拾色器(前景色)"对话框中选择黄色,并单击"确定"按钮,即可将该两字设置为黄色,如图 7-71 所示。

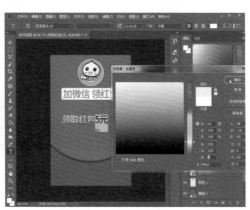

图7-70 输入文字　　　　　　　　　　图7-71 设置文字颜色

第 11 步：使用鼠标分别单独选择"5"字和"元"字，在工具选栏中分别设置其字号大小为 30 点和 18 点，如图 7-72 所示。

第 12 步：设置前景色为白色，继续选择工具箱中的"横排文字"工具 T，在工具选项栏中设置相关参数，并输入相关文字，如图 7-73 所示。

图7-72　设置文字颜色和字号

图7-73　输入文字

第 13 步：打开素材包 \ 素材文件 \ 第 7 章 \7.3\ "二维码"和"五星"图像文档，将商品图像拖曳导入到文档窗口中，并设置为水平居中对齐，最终效果如图 7-74 所示。

图7-74　最终效果

提示 此处为了方便制作图片，特地将二维码处理成空白图片，大家可根据实际工作需求将自家淘宝店铺二维码放上来。

高手秘笈

技巧 1：制作渐变描边文字效果

在 Photoshop 中，除了对文字进行创意设计外，还可以为文字添加一些特殊的效果，如描边、制作渐变效果、外发光、投影等。

下面将介绍如何为文字添加渐变和描边效果，具体操作步骤如下：

第 1 步：打开素材包 \ 素材文件 \ 第 7 章 \ 高手秘笈 \ "扫地机器人" 图像文档，选择工具箱中的 "横排文字" 工具 T，在工具选项栏中设置相关参数，并设置前景色为白色，如图 7-75 所示。

第 2 步：在文档窗口适当位置输入相关文字，单击工具箱中的 "移动" 工具 ⊕ 退出文字编辑模式，如图 7-76 所示。

图7-75 设置文字颜色和字号　　　　图7-76 输入文字

第 3 步：单击 "图层" 面板中的 "添加图层样式" 按钮 fx，在弹出的下拉列表中选择 "描边" 选项，如图 7-77 所示。

第 4 步：在弹出的 "图层样式" 对话框中，设置相关参数，并设置颜色为 #5c060a，如图 7-78 所示。

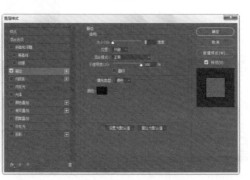

图7-77 添加图层样式　　　　图7-78 设置描边相关参数

第5步：单击左侧的"渐变叠加"选项，在右侧设置相关参数，并设置渐变颜色为 #ffe691 和白色，如图 7-79 所示。

第6步：单击"确定"按钮，最终文字效果如图 7-80 所示。

图7-79 设置渐变叠加效果

图7-80 最终效果

技巧 2：点文字与段落文本的快速转换

使用文字工具在图像文档中单击后输入的文本，称为点文本。在输入点文本时，文字不会自动换行，如需要换行，按 Enter 键即可。点文本一般用于输入少量的文本，例如图片标题等。使用文字工具在图像文档中拖曳鼠标绘制文本框，在文本框中输入的是段落文本，具有自动换行的功能，在商品详情中使用频率较高。

根据实际工作需求，可以快速地在点文字与段落文字之前转换，具体操作步骤如下：

第1步：打开素材包\素材文件\第 7 章\高手秘笈\"面霜"图像文档，选择"图层"面板中文字图层，如图 7-81 所示。

第2步：在文字图层单击鼠标右键，在弹出的快捷菜单中选择"转换为段落文本"选项，如图 7-82 所示。

图7-81 选择文字图层

图7-82 选择快捷选项

第3步：选择工具箱中的"横排文字"工具 **T**，单击文本进入文字编辑状态，此时文本已转换成段落文本，如图7-83所示。

第4步：选择"图层"面板中文字图层，单击鼠标右键，在弹出的快捷菜单中选择"转换为点文本"选项，如图7-84所示。

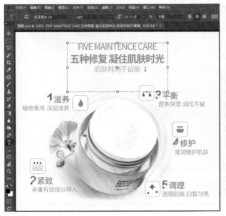
图7-83 段落文本效果

图7-84 选择快捷选项

第5步：单击图像文档中的文本进入文字编辑状态，此时文本已转换成点文本，如图7-85所示。

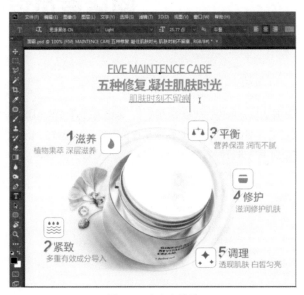
图7-85 点文本效果

第8章

网店首页设计

本章导读 ◎

　　网店的首页设计是店铺装修设计最重要的环节，本章通过对首页布局及首页基本元素设计与制作的方法、思路进行详细讲解，让读者快速掌握首页设计与装修的常用方法与技巧。希望读者能学以致用，得心应手地进行网店首页设计。

知识要点 ◎

■　首页的基本组成模块

■　首页的布局

■　制作静态店标

■　制作店招

■　制作导航条

■　制作优惠券

8.1 认识网店首页

首页是顾客进店后能快速寻找到商品的主要源头，在进行首页设计时要根据商品的特征，有条不紊地展示商品，给顾客舒适的购物体验。

8.1.1 首页的作用

店铺的首页相当于一个实体店的门面，是店内流量分配的中转站和分配中心。在首页中买家能看到店铺的商品、优惠活动、风格，其影响不亚于一个商品的详情描述，店铺首页装修的好坏直接影响客户的购物体验和店铺的转化率。

8.1.2 首页的主要模块组成

首页分为店铺页头、活动促销、店铺商品、店铺页尾几个区域，下面分别介绍各区域的模块组成。

1. 店铺页头（页头区）

店铺页头包含店招和导航条，位于店铺的最顶端，如图8-1所示。

图8-1　店铺页头

- 店招：店招即店铺的招牌，淘宝店招位于店铺最上方的长条形的区域，用来展示店铺的名称、标志、宣传语、店铺收藏图标、优惠券等，也可以在店招上展示主推商品。
- 导航条：导航条的主要功能是快速链接到店铺相应的指定页面。导航条的内容一般有首页和分类，有的还有会员须知、品牌故事等，具体需要根据自己店铺的内容而定。

2. 活动促销（内容区）

活动促销区包括全屏海报、轮播海报、优惠券等内容，主要用于呈现店铺促销内容，位于店铺醒目的位置。

- 全屏海报：全屏海报主要用于店铺重大公告、折扣优惠、主打商品推荐等，让客户一进入首页就能看到店铺的重点。因为全屏海报能带来强大的视觉冲击力，所以在店铺装修中使用的频率是最高的，如图8-2所示。

图8-2　全屏海报

- 轮播海报：轮播海报主要用于推广商品的促销内容，可以做成促销海报吸引买家。轮播海报用于展示店铺主打商品，一张好的轮播海报可以将买家吸引到商品详情页。

- 优惠券：优惠券主要用来提高交易成功率，促成购买。优惠券是将实体店面的打折方式带入网店，以营销消息的形式提高商品交易成功率，如图 8-3 所示。

图8-3　优惠券

3. 店铺商品（内容区）

店铺商品区包括主推商品与商品分类，它是店铺商品的展示区域。

- 主推商品：设置主推商品前先要了解自己的商品，选择其中优势比较明显的作为主推商品，这样的商品一般具有高性价比的特点。将资源集中在主推商品上面，展示在显著位置，如图 8-4 所示。

图8-4　主推商品

- 商品分类：设计商品分类模块，一是为了方便店铺管理，二是为了方便客户选购商品，如图 8-5 所示。商品可以按价格、功能、属性等进行分类。对于商品数量较多的店铺，合理的分类非常重要，直接影响到顾客能否快速地找到满意的商品。

图8-5　商品分类

4. 店铺页尾（页尾区）

店铺的页尾和页首一样重要，一个好的开头一定要有一个好的结尾相呼应。店铺页尾模板必须符合网店的风格以及主题，内容可以展示消保、售后服务、7 天无理由退换货、购物流程、联系方式等，如图 8-6 所示。

图8-6　店铺页尾

- 客服中心：客服中心可以设置在页面上方或左右两边，也可以设置在页尾。大部分店铺装修针对客服模块都是简单化处理，没有重视其对点击率带来的影响，好的客服模块设计或许就是顾客询单的理由。
- 发货须知：添加发货须知可以增加买家对店铺的信任，统一的发货时间可以让店家免去回复过多的咨询，节省时间。
- 关于我们：可以介绍网店的特色、文化、内容等，还可以介绍网店加入了哪些保障服务。

8.2　首页布局

网店的首页设计与装修是店铺装修设计最重要的环节，进行首页设计的第一步就是对首页进行布局，对首页的各模块进行规划。

8.2.1　首页布局的几种常见形式

淘宝店铺首页布局因不同的营销方向有不同的布局形式，常见的首页布局有分流型、聚流型和品牌推广型三种类型。

- 分流型。分流型的淘宝店铺首页装修布局是最常见的布局形式，分流型是在首页陈列大量商品，其目的是为了展示更多的商品，增加曝光率和点击率。
- 聚流型。聚流型是在首页集中展示主推商品，用大图吸引买家点击，主要用于商品数量较少的网店，多适用于标品。

- 品牌推广型。品牌推广型页面多用于天猫或品牌店铺,适用于有大量忠实客户的网店,其作用主要是加深品牌化运营。

8.2.2 根据营销目的规划布局

淘宝店铺设计首页布局时要从营销的角度进行规划,以满足客户需求为第一要务,让客户一看就知道店铺卖什么商品,商品的品质如何。在进行首页布局规划时需要重点把握以下几个要点。

1. 店铺招牌

(1)明确告诉顾客本店铺是卖什么商品的;

(2)向顾客展示进入店铺的理由;

(3)合理设置主页分类导航,方便顾客进入店铺浏览。

2. 店铺首屏

店铺首屏是指店铺首页的第一屏,其展示的内容是至关重要的,可以展示顾客最感兴趣的内容,顾客能得到什么利益,比如:顾客能得到哪些优惠、顾客能得到哪些优质的服务等。

3. 商品大图

商品大图主要用来吸引顾客的眼球,向顾客展示商品的特色和品质,从而打动顾客。

4. 分类商品

将店铺的商品进行合理、规范地分类,不仅可以让顾客一目了然地了解店铺有哪些商品,还方便顾客快速找到自己想要的商品,提高购物体验。

5. 其他内容规划

除了以上规划内容外,首页还有常见的模块内容,比如,新品上市、人气商品、分享有礼、关联商品以及商品排行榜等。

8.2.3 根据规划设计并绘制草图

规划好店铺的布局后,美工就可以根据规划对店铺进行设计,并绘制草图。美工在设计首页布局时应从以下三个方面着手。

1. 确定风格

通过交流,熟悉客户要展示的内容和效果,提炼出网店的关键词以确定风格,比如:高端、简洁、复古、小清新等。

2. 收集参考案例

模仿是最好的老师,在设计布局时,多参考同行优秀网店的布局与设计,收集一些优秀网店的资料进行研究并参考。从颜色、排版、营销广告等不同的角度去收集合适的参考案例,以供客户参考,了解客户的喜好,确定设计方向。

3. 创意设计

结合客户的实际需求进行一些创新,添加一些自己的设想,设计出与商品所需风格相符且与众不同的网店。

完成上面一系列工作之后，便可以进行素材收集，初步确定首页各模块的位置，绘制出一个大致的设计框架草图。

淘宝店铺有基础版、专业版和智能版，基础版装修店铺会受到很多限制。如图 8-7 所示的首页布局图是以专业版为基础设计的，由店招、导航条、海报、商品分类、客服旺旺、商品展示、店铺页尾、店铺背景等几部分组成。

8.2.4 细化处理并完善首页布局

设计好草图后便可对每个模块进行装修设计，设计时要注意店铺整体风格的统一，对每个模块的图片、文字要合理地安放，如图 8-8 所示。

图8-7 布局草图

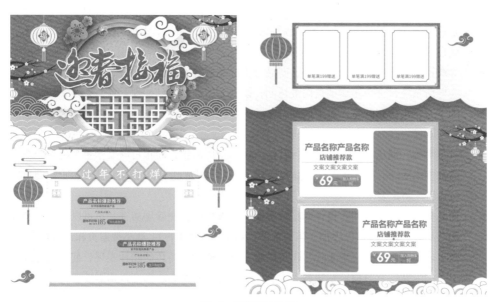

图8-8 完善首页布局

下面介绍首页各模块设计时的一些注意事项：

- 页头：在店招处可以放一些活动内容、店铺收藏链接等。因为店招在任何单页、描述页都可以看到，就像一本书的封面一样，所以一定要充分利用。
- 首焦：首焦位于店铺首页显著的位置，设计时可将主推商品、优惠活动等内容置于此处，就像一本书的内容提要。
- 导航：导航就像一本书的目录，商品较多的店铺最好加上类目导航，商品有分类才可以提供便捷的用户体验。
- 主推商品：主推商品就像一本书的主打内容，用于展示店铺中主要的商品，设计时应按需求突出商品的价格、折扣、样式等，提高点击率。

- ■ 分类推荐：按照商品分类安排好推荐顺序。
- ■ 页尾：在页尾应尽量留住顾客，在设计时可以加入品牌介绍，获得品牌认知，打消顾客疑虑。

8.3 首页基本元素的设计

8.3.1 基本元素设计的注意事项

网店的首页设计是店铺装修设计最重要的环节，进行首页设计时应注意首页各元素的位置安排、尺寸等。

- ■ 店招设计。店招相当于一个店铺的招牌，用来传递店铺信息。它位于店铺页面的上方，是首页第一个需要设计的区域，经常与导航条连起来设计，整个页头高度为 150 像素，店招占 120 像素，导航条占 30 像素。
- ■ 导航设计。导航一般包括首页、商品分类、品牌介绍、售后服务、特惠活动等，清晰的导航条能保证更多店铺页面被访问，使更多的商品得到展现。导航条位于店铺店招的下方，与店招同宽，淘宝店铺有文字内容的部分建议在 950 像素以内，天猫店铺建议 990 像素以内，高度为 30 像素。
- ■ 首页海报。网店首页海报多用可营造气氛的全屏海报，海报可以展示重大信息公告、店铺优惠活动、活动预告、主推商品等。全屏海报宽度 1920 像素，高度根据需要可自行设置无特定要求。
- ■ 商品分类模块的应用。设计商品分类模块，既可以方便管理店铺，也可以方便客户选购商品。分类模块可以添加在店铺首页（左右布局情况下）、商品搜索页和详情页左侧。既可以使用简单的文字表现，也可以将文字换成独具特色的图片表现，使店铺更加吸引人的眼球。官方模板默认商品分类模块宽度 190 像素，高度根据需要自行设置无特定要求，建议不超过 60 像素。
- ■ 页尾设计。网店的页尾是一个公用固定区域，会出现在店铺的每一个页面。它是一个自定义区，没有预置的模块。页尾的宽度一般设置为 950 像素，全屏页尾宽度设计为 1920 像素。

8.3.2 实例：制作静态店标

- ■ **案例导入**

店标是一个网店的形象标志，网店的店标可以分为静态店标和动态店标。店标设计又被称为 Logo 设计，它可以是图形化的，也可以是文字化的。店标作为店铺的一种形象标志，不仅可以吸引顾客，让顾客愿意了解商品；也是店铺的品牌支撑，能传达出品牌的核心信息，传播品牌的价值观。店标文件的大小不超过 80kb 才能上传。

■ **案例效果**

本例制作的静态店铺效果图如图 8-9 所示。

■ **案例步骤**

本例将使用"钢笔"工具绘制文字路径，然后将路径转换为选区，最后删除选区内的图形即可，具体操作步骤如下：

第 1 步：按 Ctrl+T 组合键，新建标志图像文档。选择工具箱中的"钢笔"工具，绘制标志轮廓图形，如图 8-10 所示。

图8-9　静态店标效果图

第 2 步：设置前景色为（R：124，G：24，B：36），新建图层，单击路径面板中的"用前景色填充路径"按钮，填充前景色，如图 8-11 所示。

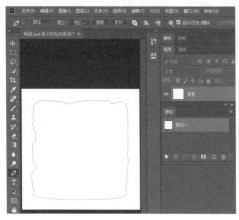

图8-10　绘制标志轮廓

图8-11　填充前景色

第 3 步：新建"路径 2"，选择工具箱中的"钢笔"工具，绘制文字路径，如图 8-12 所示。按 Ctrl+Enter 组合键，将路径转换为选区，如图 8-13 所示。

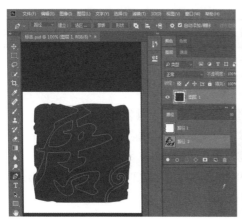

图8-12　绘制文字路径

图8-13　转换为选区

第4步：按 Delete 键，删除选区内的图形，如图 8-14 所示。按 Ctrl+D 组合键，取消选区，如图 8-15 所示。

图8-14　删除选区内的图形　　　　　　　　　图8-15　取消选区

8.3.3　实例：制作店招

■　案例导入

作为店铺的招牌，其主要作用就是如何留住顾客。当顾客进入店铺首先看到的就是店招，店招中通常包含了店铺商品、品牌信息等重要内容。好的店招不仅可以吸引顾客的眼球，带来源源不断的订单，还起到品牌宣传的作用。网店店铺店招的标准尺寸为 950 像素 ×150 像素。值得注意的是淘宝店招在普通店铺是没有的，必须要扶持版以上才有。

■　案例效果

本例将制作一个文化礼品淘宝店的店招，制作完成后的店招效果图如图 8-16 所示。

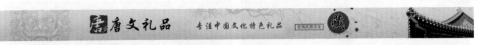

图8-16　店招效果图

■　案例步骤

本店招制作包括店招背景、导入店标、店招文字制作等，其具体操作步骤如下：

第1步：按 Ctrl+N 组合键，打开"新建文档"对话框，设置名称为"店招"，宽度为 1920 像素，高度为 120 像素，分辨率为 72 像素 / 英寸，如图 8-17 所示。

第2步：打开素材包 \ 素材文件 \ 第 8 章 \8.2\ "背景"图像文件，将其拖入新建的文件中，如图 8-18 所示。

设计无忧 电商美工Photoshop实战技术

图8-17 新建文档　　　　　　　　　　　图8-18 拖入素材

第3步：打开素材包\素材文件\第8章\8.2\"狮子头"图像文件，将其拖入新建的文件中，如图8-19所示。

图8-19 拖入素材

第4步：在图层面板中设置改变图层的混合模式为明度模式，如图8-20所示。

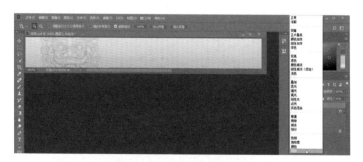

图8-20 改变图层的混合模式

第5步：打开素材包\素材文件\第8章\8.2\"树"图像文件，将其拖入新建的文件中，如图8-21所示。

图8-21 拖入素材

第 6 步：在图层面板双击"树"所在的图层，在打开的"图层样式"对话框中设置"颜色叠加"参数，如图 8-22 所示。单击"确定"按钮，图像效果如图 8-23 所示。

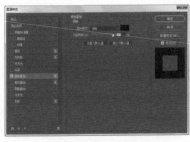
图8-22　设置"颜色叠加"

图8-23　叠加后的效果

第 7 步：打开素材包 \ 素材文件 \ 第 8 章 \8.2\ "建筑"图像文件，将其拖入新建的文件中并调整其位置，如图 8-24 所示。

图8-24　拖入素材

第 8 步：打开素材包 \ 素材文件 \ 第 8 章 \8.2\ "标志"图像文件，将其拖入新建的文件中并调整其大小与位置，如图 8-25 所示。

图8-25　添加标志

第 9 步：选择工具箱中的"横排文字"工具 **T**，输入公司名称，字体为华文行楷，如图 8-26 所示。

第 10 步：选择工具箱中的"横排文字"工具 **T**，输入广告语，字体为华文行楷，如图 8-27 所示。选中文字图层，单击"图层"面板下方的"添加图层样式"按钮 **fx**，在弹出的快捷菜单中选择"投影"命令，如图 8-28 所示。

第 11 步：设置"投影"颜色为白色，参数如图 8-29 所示。单击"确定"按钮，得到阴影效果，如图 8-30 所示。

图8-26　输入公司名称

图8-27　输入广告语　　　　　　　　　　　　　　　图8-28　选择"投影"命令

第 12 步：选择工具箱中的"横排文字"工具 T ，输入广告语，字体为黑体，如图 8-31 所示。

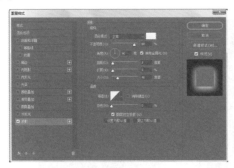

图8-30　添加投影效果

图8-29　设置"投影"　　　　　　　　　　　　　　图8-31　输入广告语

第 13 步：选择工具箱中的"矩形工具" ▢ ，在选项栏中选择"形状"，设置描边色为红色，宽度为 2 像素，拖动光标，绘制如图 8-32 所示的矩形。

图8-32　绘制矩形

第 14 步：打开素材包 \ 素材文件 \ 第 8 章 \8.2\ "图标"图像文件，将其拖入新建的文件中调整大小与位置，如图 8-33 所示。选择工具箱中的"横排文字"工具 T，输入文字"藏"，字体为微软雅黑，如图 8-34 所示。

图8-33　添加素材

图8-34　输入文字

第 15 步：选中文字图层，单击图层面板下方的"添加图层样式"按钮 fx，在弹出的快捷菜单中选择"描边"命令，如图 8-35 所示。在弹出的"图层样式"对话框中设置参数，如图 8-36 所示。

图8-35　选择"描边"命令

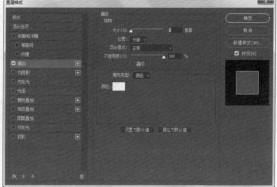

图8-36　设置参数

第 16 步：添加了白色描边后的文字更加突出，最终效果如图 8-37 所示。

图8-37　最终效果

8.3.4　实例：制作导航条

■ 案例导入

导航的作用是将商品分类并一一列出方便顾客寻找，可以将品牌故事、会员制度等比较有利于店铺塑造品牌效应的信息设计在其中。导航的设计应与店铺整体风格搭配，导航文字要清晰，设计时要注意文字与其背景颜色的对比。

■ **案例效果**

本例将制作一个文化礼品淘宝店首页的导航条，制作完成后的导航条效果图如图 8-38 所示。

图8-38　导航条效果图

■ **案例步骤**

导航条的制作很简单，在店招文件上增加画布的高度，然后在增加的画布上绘制矩形并输入相应的导航文字即可，其具体操作步骤如下：

第 1 步：打开素材包 \ 素材文件 \ 第 8 章 \8.3\ "店招"图像文件，在标题栏上单击鼠标右键，在弹出的快捷菜单中选择"画布大小"命令，如图 8-39 所示。

图8-39　选择"画布大小"命令

第 2 步：在打开的"画布大小"对话框中单击定位上方的图标，如图 8-40 所示。修改画布高度为 150 像素，如图 8-41 所示。

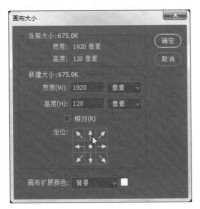

图8-40　单击定位上方的图标

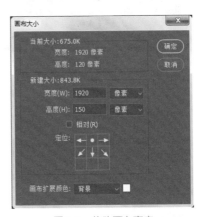

图8-41　修改画布高度

第 3 步：修改后的画布底部加宽，整体高度变为 150 像素，如图 8-42 所示。

图8-42　画布底部加宽

第4步：选择工具箱中的"矩形工具"🔳，在选项栏中选择"形状"，设置填充色为暗红色，拖动光标，在底部绘制如图 8-43 所示的矩形。

图8-43　绘制矩形

第5步：选择工具箱中的"横排文字"工具 🅣，输入导航条文字内容，字体为微软雅黑，如图 8-44 所示。

图8-44　输入导航条文字内容

8.3.5　实例：制作优惠券

■ **案例导入**

店铺优惠券可以促进成交，增加客单价。优惠券内容包括优惠券名称、金额和使用时间。设计时要注意文字的大小安排、排版布局，要突出优惠力度，同时把优惠信息传达给顾客。

■ **案例效果**

本例将制作一个淘宝店铺的优惠券，制作完成后的效果图如图 8-45 所示。

图8-45　优惠券效果图

■　**案例步骤**

优惠券制作相对简单，重要版式、文字与色彩的制作，其具体制作步骤如下：

第1步：按 Ctrl+N 组合键，打开"新建文档"对话框，设置名称为"优惠券"，宽度为 950 像素，高度为 180 像素，分辨率为 72 像素 / 英寸，如图 8-46 所示。

图8-46　新建文档

第2步：设置前景色为红色，按 Alt+Delete 组合键，填充前景色，如图 8-47 所示。选择工具箱中的"矩形工具" ■，在选项栏中选择"形状"，设置描边色为白色，宽度为 0.7 像素，拖动光标，绘制如图 8-48 所示的矩形框。

图8-47　填充前景色

图8-48　绘制矩形框

第3步：选择工具箱中的"横排文字"工具 T，输入数字，字体为 Arial，如图 8-49 所示。再输入人民币的符号，置于数字的左上角，如图 8-50 所示。

图8-49　输入数字

图8-50　输入人民币的符号

第4步: 选择工具箱中的"矩形"工具 ■，在选项栏中选择"形状"，设置填充色为白色，拖动光标，在绘制图 8-51 所示的矩形。

第5步: 选择工具箱中的"横排文字"工具 ■，输入文字，字体为新宋体，如图 8-52 所示。

图8-51 绘制矩形

图8-52 输入文字

第6步: 选择工具箱中的"矩形"工具 ■，在选项栏中选择"形状"，设置填充色为白色，拖动光标，绘制如图 8-53 所示的矩形。

第7步: 选择工具箱中的"横排文字"工具 ■，输入文字，字体为微软雅黑，颜色为红色，如图 8-54 所示。

图8-53 绘制矩形

图8-54 输入文字

第8步: 选择工具箱中的"横排文字"工具 ■，输入时间，字体为微软雅黑，颜色为白色，如图 8-55 所示。

第9步: 选择工具箱中的"椭圆工具" ●，在选项栏中选择"形状"，设置填充色为白色，按住 Shift 键，拖动光标，绘制如图 8-56 所示的圆。

图8-55 输入时间

图8-56 绘制圆

第10步: 按 Ctrl+J 组合键，复制圆。按 Ctrl+T 组合键，显示定界框，按 Alt+Shift 组合键，调整圆的大小，如图 8-57 所示。

第11步: 按 Enter 键确认变形。双击此小圆所在的图层，在弹出的快捷菜单中选择"描边"命令，在弹出的"图层样式"对话框中设置参数，如图 8-58 所示。单击"确定"按钮，添加红色描边，如图 8-59 所示。

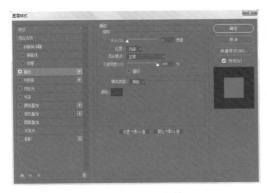

图8-57 调整圆的大小

图8-59 添加红色描边

图8-58 设置参数

第12步：选择工具箱中的"横排文字"工具 **T**，在圆内输入文字，字体为微软雅黑，颜色为红色，如图 8-60 所示。

第13步：选择工具箱中的"自定义形状"工具 ，再单击选项栏上的形状图形 ，打开"形状"面板，在"形状"面板上选择如图 8-61 所示的心形。

图8-60 在圆内输入文字

图8-61 选择心形

第14步：在选项栏中选择"形状"，设置前景色为红色，新建图层，拖动光标绘制心形，如图 8-62 所示。

图8-62 绘制心形

高手秘笈

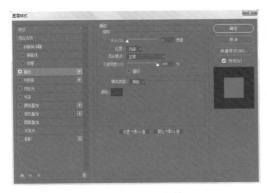 **技巧 1：如何设计图文结合的商品分类**

商品分类除了纯文字，还可以设计图文结合的图片，再将所有图片上传到图片空间。

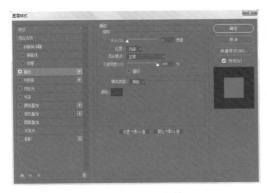

下面介绍将分类按钮图片上传到店铺分类模块中的方法。

　　第1步：进入店铺装修页面，单击"设置分类"按钮，如图8-63所示。在打开的页面单击"添加图片"按钮，如图8-64所示。

图8-63　单击"设置分类"按钮

图8-64　单击"添加图片"按钮

　　第2步：单击"插入图片空间图片"按钮，如图8-65所示。在图片空间中选择对应的分类按钮图片，如图8-66所示。

图8-65　单击"插入图片空间图片"按钮

图8-66　选择对应的分类按钮图片

　　第3步：用相同的方法添加其他分类对应的图片，完成后单击"保存更改"按钮，如图8-67所示。

图8-67　单击"保存更改"按钮

　　第4步：刷新店铺页面，即可看到分类按钮图片的效果，如图8-68所示。

图8-68 分类按钮图片效果

技巧2：1920全屏海报图设计制作技巧

在设计全屏海报时，设计人员可以通过图像和色彩来体现海报的视觉冲击力。同时，海报表达的内容要精练，主题要突出。全屏海报设计时要遵守以"图片为主、文案为辅、主题文字醒目"这一原则。

全屏海报设计完成后上传到图片空间，然后在制作全屏海报的网站制作生成代码，如懒人坤。首先在图片空间获取海报的网络地址，然后利用此网址生成代码。

第9章

网店海报设计

本章导读

网店海报是一种网页广告，其目的是传递商家活动信息，吸引顾客眼球。一张好的海报不仅可以生动地传达网店商品和各类促销活动的相关信息，还能吸引顾客点击，产生购买欲望。海报通常是促销、打折、包邮、秒杀等各类活动宣传的利器。作为一种宣传利器，海报的设计不仅要具有号召力，而且要具有艺术感染力，通过主题元素、色彩、构图等设计来形成强烈的视觉效果。本章将通过学习网店海报设计的相关知识与实例制作，掌握网店海报的制作方法与技巧。

知识要点

- 网店海报的设计要点
- 不同类型的海报设计
- "双11"宣传海报

9.1 网店海报的设计要点

作为一名网店美工,经常需要进行店铺首页的海报设计,掌握一些海报设计的基础知识是非常必要的。

一个好的网店海报可以直接向消费者传达网店销售的是什么商品,能够提高店铺的浏览量,从而提高网店的销售额。因此,网店海报的设计是非常重要的。

1. 尺寸要符合要求

淘宝店铺首页全屏海报的宽度为 1920 像素,C 店为 950 像素,天猫商城为 990 像素,高度全都不限。手机淘宝海报的宽度为固定尺寸 750 像素,高度可以在 200 ~ 950 像素。

2. 设计要有创新意识

一张好的海报设计,离不开好的创意。创新意识通常来源于灵感,而海报设计的创意灵感,就是为海报要表达的主题内容寻找一种新的表现方法或形式。同时,海报的画面应有较强的视觉中心,力求新颖,如图 9-1 所示为创意的店庆海报。

3. 主题要明确、针对性强

海报设计要有明确的主题,买家一眼就能看出一个海报的类型,是节日类海报,还是新品发布海报,或是店庆类海报以及促销类海报。海报中的重点信息需要用一些设计元素加以强调,以突显其要重点展示的内容,引起买家的注意。如图 9-2 所示,就是以"春夏交替季节服装为主题"的促销海报。

图9-1　创意的店庆海报　　　　图9-2　以"春夏交替季节服装为主题"的促销海报

4. 版式设计要美观

设计一幅具有视觉冲击力效果的网店海报,除了整体颜色上的搭配之外,最重要的就是其版式设计与构图了。一个好的版式设计,不仅可以让人获得视觉上的享受,令海报瞬间高大上,而且可以提高点击率。

海报的版式通常采用对齐、对比和分组三种表现手法。

- 左右对齐是最基本的对齐方式,适合新手设计者;高端大气的女装和活动促销海报通常都采用居中对齐的版式设计,如图 9-3 所示为居中对齐设计的海报。
- 对比在海报中运用也非常多,有粗细大小对比、疏密对比、远近虚实对比。对比会增强海报的画面感,比如,主题字体要设计的粗一些,而副题要细一些,这样通过字体的粗细设计，可以更加突出海报的主题和要点信息。如图 9-4 所示为文字粗细对比设计的海报。

图9-3　居中对齐设计的海报　　　　　　图9-4　文字粗细对比设计的海报

■ 当海报的文字信息过多时，可以采用分组的方法将相同文字信息进行分组设计，这样不仅让海报页面上的文字信息富有条理性和层次感，页面也会变得整洁美观，易于阅读。如图 9-5 所示为文字分组设计的海报。

提示 海报设计的画面不要过满，要有一定的留白，给画面呼吸的空间。

5. 色彩设计

图9-5　文字分组设计的海报

在网店海报设计中，颜色的设计是非常重要的，因为颜色带有感情，可以影响人的情绪，颜色的搭配是有讲究的。设计一个色彩艳丽、醒目、大气的海报，不仅会给顾客带来极大的视觉冲击力，以及极佳的视觉体验，而且还能提高网店的点击率，增加店铺销量。

提示 在海报设计中，字体设计不要超过 3 种；颜色设计尽量不要超过 3 种，因为颜色过多会给人杂乱的感觉；画面留白一般为 30%。

9.2　不同类型的海报设计

由于不同的营销目的，海报可以分为不同的类型。

1. 节日海报

同一类商品在不同节日的海报设计在颜色、图案等的选择上也不同。在颜色方面，三八妇女节多用粉色，五四青年节多用绿色，中秋节多用黄色，春节多用红色，如图 9-6 所示为新年海报；在装饰图案方面，三八妇女节多用丝带，情人节多用玫瑰，中秋节多用月亮，春节多用灯笼、剪纸。许多西方的节日也有其视觉符号。比如圣诞节，人们脑海中浮现的符号是圣诞老人、圣诞树、麋鹿，是红绿色的搭配。

2. 新品发布海报

新品发布海报的设计一定要突出商品，让买家一眼就知道店铺有新品出售，如图9-7所示为新品发布海报。新品的销售一般是针对老客户，通过营销活动来维护老客户的同时，也可以吸引一部分新客户。因此，老客户比新客户更关注店铺是否有上新，那么，新商品海报的文案应重点突出对老客户的优惠力度，以吸引他们购买。

图9-6　新年海报

图9-7　新品发布海报

3. 店庆海报

店庆通常是对整个店铺进行营销推广，店庆海报主要以文字为主，图形为辅。海报设计要突出优惠活动的信息，以促成销售为目的，如图9-8所示为店庆海报。

4. 促销海报

通常来讲，促销活动就是使促销商品大幅度让利，让消费者得到更多的优惠。促销海报在设计时要突出优惠力度，将消费者的注意力吸引到促销文字上，如图9-9所示为促销海报。

图9-8　店庆海报

图9-9　促销海报

9.3　网店海报设计的基本步骤

任何一张海报都是由文字、图形和色彩感觉部分组成的，将这三大元素通过设计制作成一个规范的、吸引消费者的海报，是网店美工必备的基本技能。

（1）确定海报尺寸。只有掌握了网店海报的尺寸，设计出来的海报才是符合规范和要求的海报。手机端和 PC 端海报的尺寸各不相同。

（2）明确海报的内容主题。与运营人员交流，确定海报活动的主题内容和促销信息，以达到设计制作海报的最终效果。

（3）根据商品信息提炼海报宣传文案。在海报的实际设计中，初步的文案可能是由商家提供的，也可能是经商家描述之后由设计人员精心提炼出来的。无论是哪种，我们在撰写文案前，必须首先要理解文案，读懂文案，然后梳理出商家要表达的重点内容，从而归纳总结出文案要点。

（4）框架结构布局设计。根据文案内容以及与海报相关的商品图片和素材，进行海报的整体框架布局设计，突出展示海报重点与视觉中心。

（5）细节设计与优化处理。对海报的背景颜色、字体、图形，以及装修元素的设计与制作，打造一幅极具视觉冲击力的完美海报。

（6）投放测试效果。为了确保海报的市场接收度，通常需要设计制作 1 ～ 3 幅不同色彩效果的海报，并征求运营人员的意见，最后挑选一张最好的进行测试效果投放，检验测试效果，根据测试反馈意见进行完善与修改。

9.4 实例：数码商品海报设计

■ **案例导入**

"双 11"是淘宝最重要的大促活动日，是买家与卖家共同的狂欢日。要让店铺流量在"双 11"实现更高的转化率，视觉设计是必不可少的，在活动海报设计上，要体现出活动气氛引导顾客下单。

"双 11"海报位于店铺的显著位置，对当天的成交起着至关重要的作用。本例是一个音乐数码商品的"双 11"海报设计，设计元素有音乐符号、霓虹灯管等，热闹而富有动感。

■ **案例效果**

本例将制作一个数码商品的"双 11"海报，制作完成后的效果图如图 9-10 所示。

图9-10 最终效果

■ **案例步骤**

海报制作大致分为背景制作、图形设计与文案设计三大步骤，其具体操作步骤如下：

第 1 步：按 **Ctrl+N** 组合键，打开"新建文档"对话框，设置名称为"双 11 海报"，宽度为 1920 像素，高度为 960 像素，分辨率为 72 像素 / 英寸，如图 9-11 所示。

第 2 步：选择工具箱中的"渐变"工具 ，单击工具选项栏中的"点按可编辑渐变"按钮，打开"渐变编辑器"对话框，分别设置几个位置点颜色的 RGB 值为：0（139、10、182）、45（71、4、128）、100（71、4、128），如图 9-12 所示。

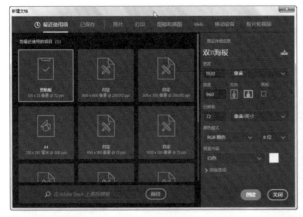

图9-11　新建文档　　　　　　　　　　　　图9-12　"渐变编辑器"对话框

第3步：在工具选项栏中单击"径向渐变"按钮▣，按住鼠标左键，从上向下垂直拖动光标，如图9-13所示，释放鼠标后得到如图9-14所示的效果。

图9-13　拖动光标　　　　　　　　　　　　图9-14　填充渐变色

第4步：打开素材包 \ 素材文件 \ 第9章 \ "房子"图像文件，将其拖入新建的文件中，如图9-15所示。在"图层"面板中更改素材的不透明度为30%，效果如图9-16所示。

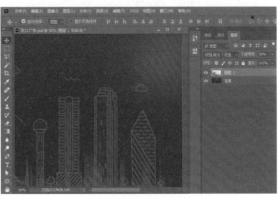

图9-15　添加素材　　　　　　　　　　　　图9-16　更改素材的不透明度

第 5 步：按 Ctrl+J 组合键，复制素材，按 Ctrl+T 组合键，显示定界框，单击鼠标右键，在弹出的快捷菜单中选择"水平翻转"命令，如图 9-17 所示。按住 Shift 键，水平移动图形到右边，如图 9-18 所示。

图9-17　选择"水平翻转"命令　　　　　　　　　图9-18　水平移动图形

第 6 步：新建路径，选择工具箱中的"钢笔"工具 ，绘制平台路径，如图 9-19 所示。选择工具箱中的"渐变"工具 ，单击工具选项栏中"点按可编辑渐变"按钮，打开"渐变编辑器"对话框，分别设置几个位置点颜色的 RGB 值为：0（210、104、239）、100（98、17、136），如图 9-20 所示。

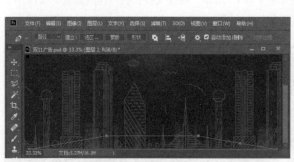

图9-19　绘制平台路径　　　　　　　　　　图9-20　打开"渐变编辑器"对话框

第 7 步：按 Ctrl+Enter 组合键，将路径转换为选区，如图 9-21 所示。在工具选项栏中单击"径向渐变"按钮 ，从中心向右水平拖动光标，如图 9-22 所示。按 Ctrl+D 组合键取消选区，效果如图 9-22 所示。

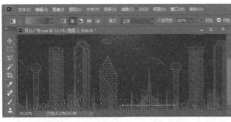

图9-21　将路径转换为选区

图9-22　填充渐变色

第8步：选择工具箱中"钢笔"工具 ⚲，在工具选项栏中选择"路径"，绘制如图9-23所示的路径。选择工具箱中"画笔"工具 ✎，设置画笔大小为7。新建图层，设置前景色为白色，单击"路径"面板下方的"用画笔描边路径"按钮 ○，效果如图9-24所示。

图9-23　绘制路径

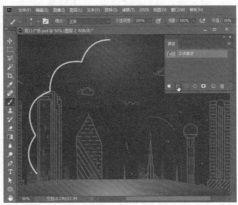

图9-24　用画笔描边路径

第9步：按 Ctrl+J 组合键，复制图形，按 Ctrl+T 组合键，显示定界框，单击鼠标右键，在弹出的快捷菜单中选择"水平翻转"命令，如图9-25所示，水平翻转的图形如图9-26所示。

图9-25　选择"水平翻转"命令

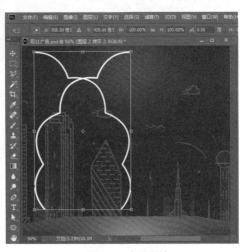

图9-26　水平翻转

第 10 步：按住 Shift 键，水平移动图形到右边，得到左右对称的图形，如图 9-27 所示。再用相同的方法绘制外圈图形，如图 9-28 所示。按 **Ctrl+E** 组合键数次，将图形所在的图层合并。

图9-27　水平移动图形　　　　　　　　　图9-28　绘制外圈图形

第 11 步：在图层面板双击"图形"所在的图层，在打开的"图层样式"对话框中设置"外发光"参数，如图 9-29 所示。单击"确定"按钮后，图像效果如图 9-30 所示。

图9-29　"图层样式"对话框　　　　　　　图9-30　外发光

第 12 步：打开素材包\素材文件\第 9 章\"图标"图像文件，将其拖入新建的文件中。选择工具箱中"矩形选框"工具 ，绘制如图 9-31 所示的选区。

第 13 步：选中"图形"所在的图层，按 Delete 键，删除选区内的图形，按 **Ctrl+D** 组合键取消选区，得到如图 9-32 所示的效果。

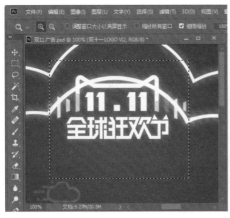

图9-31　绘制选区

图9-32　删除选区内的图形

第 14 步：选择工具箱中的"横排文字"工具 **T**，输入"仅此 1 天"，字体为汉仪尚巍手书 W，如图 9-33 所示。

第 15 步：选择工具箱中的"横排文字"工具 **T**，输入广告语，字体为黑体，选中文字，如图 9-34 所示。

图9-33　输入广告语

图9-34　输入广告语

第 16 步：按住 Alt 键的同时按←键数次，调整文字的间距，如图 9-35 所示。选择工具箱中"矩形选框"工具 **[ ]**，在广告语的下方绘制一条线，设置前景色为白色，按 Ctrl+D 组合键，取消选区，如图 9-36 所示。

图9-35　调整文字的间距

图9-36　绘制线

第 17 步：在"图层"面板中更改素材的不透明度为 30%，效果如图 9-37 所示。

图9-37　更改素材的不透明度

第 18 步：按 Ctrl+J 组合键，复制直线，移动到文字的上方，如图 9-38 所示。选择工具箱中"矩形选框"工具，在工具选项栏中单击"添加到选区"按钮，绘制图 9-39 所示的两个矩形选框。

图9-38　复制直线

图9-39　绘制矩形选框

第 19 步：按 Delete 键，删除选区内的直线，按 Ctrl+D 组合键，取消选区，如图 9-40 所示。打开素材包 \ 素材文件 \ 第 9 章 \ "图标素材"图像文件，将其拖入新建的文件中，如图 9-41 所示。

图9-40　删除选区内的直线

图9-41　添加素材

第 20 步：选中左上角的"音乐符号"所在的图层，在打开的"图层样式"对话框中设置"外发光"参数，如图 9-42 所示。单击"确定"按钮后，图像效果如图 9-43 所示。

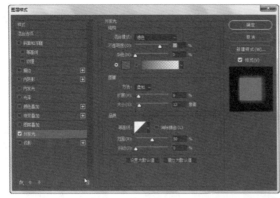

图9-42　"图层样式"对话框

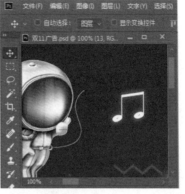

图9-43　外发光

第21步：在"音乐符号"所在的图层单击鼠标右键，在弹出的快捷菜单中选择"拷贝图层样式"命令，如图9-44所示。在另外两个"音乐符号"所在的图层，分别用鼠标右键单击，在弹出的快捷菜单中选择"粘贴图层样式"命令，如图9-45所示。

图9-44　选择"拷贝图层样式"命令

图9-45　选择"粘贴图层样式"命令

第22步：此时，另两个音乐符号也添加了外发光效果，如图9-46所示。

图9-46　添加外发光效果

第23步：在图层面板双击"吉他符号"所在的图层，在打开的"图层样式"对话框中设置"外发光"参数，如图9-47所示。单击"确定"按钮后，图像效果如图9-48所示。

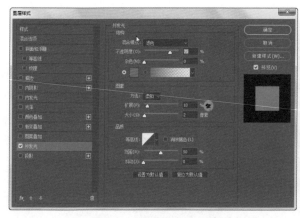

图9-47 "图层样式"对话框　　　　　　　　图9-48 外发光

第 24 步：执行"滤镜"|"渲染"|"镜头光晕"命令，在打开的"镜头光晕"对话框中选择"电影镜头"，设置高度为 77%，如图 9-49 所示。单击"确定"按钮添加光晕，最终效果如图 9-50 所示。

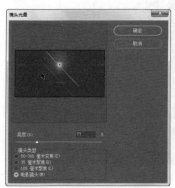

图9-49 "镜头光晕"对话框　　　　　　　　图9-50 最终效果

高手秘笈

技巧 1：设计美观的版式，让海报赏心悦目

一张成功的淘宝海报设计必然是排版美观的，常见的海报版式有以下几种。

1. 平行式版式设计

平行式版式设计是最常用的排版方式，图片与文字呈水平分布，且文字与图片所占版面比例相当。这种版式略显呆板，缺乏变化。

2. 纵列式版式设计

纵列式排版也是海报排版中最常用的版式之一，文字与图片所占版面比例相当，海报主题文字呈纵向排列。这种版式可以增加画面的层次感和丰富度，但容易造成画面比例失衡，给人头重脚轻的感觉。

3. 对称式版式设计

对称式版式设计通常是指海报中的图片相对于海报中的文字（或海报的中心线）呈对称排列的一种排版方式，这种版式给人稳定、庄重的感觉。为了增加画面的动感和舒适度，通常采用相对对称的方式。

4. 排列式版式设计

排列式版式设计是比较简单的一种版式设计，通常是把商品图片进行简单排列作为海报的背景，然后将促销信息进行设计后放在商品图片的上面。

技巧2：网店海报配色技巧

一张优秀的海报之所以能带来很高的点击率。设计上除了要有新颖的创意外，巧妙的配色也是非常重要的。

由于每一种颜色都具有不同的含义和性格，因此，设计人员应该根据海报的类型来选择相应的颜色。

（1）节日海报和促销海报常用的颜色有红色、黄色、橙色、紫色。这些颜色属于暖色调，代表喜庆、欢乐、热情，给人一种热情奔放、活力四射的感觉，具有鼓动情绪的作用。

（2）家电、数码科技类商品为了突出其科技感，通常使用蓝色、灰色、红色、黑色、白色此类较为刚硬的颜色，给人营造一种炫酷的感觉。

（3）在网店海报的设计中，色彩明度的搭配也是有讲究的。低明度颜色搭配能够表现出商品的价质感与品质感，给人一种奢华、大气、上档次的感觉，常用于家电、数码科技、运动器械、男装等类目。高明度颜色搭配能够表现出商品具有清爽与优雅的特质，给人一种干净、舒适的感觉，常用于女装、美妆、饰品等类目。

第10章

网店主图设计

本章导读

    商品主图对店铺的引流是非常重要的，它决定着买家是否通过点击主图进入店铺。本章将介绍商品主图的设计方法和设计要领，以及使用 Photoshop 设计和制作一个具有吸引力的商品主图的方法与技巧。

知识要点

- 认识商品主图
- 主图的设计要领
- 商品主图设计

10.1 主图的三要素

商品主图的设计是非常重要的，它将直接影响到商品的点击率。通常情况下，主图是决定买家是否点击商品的核心要素。主图不仅向买家展示了商品本身的特征属性（包括款式、风格、颜色等），还展示了商品的促销信息（文案）。要设计一张具有视觉冲击力的主图，除了商品图、文案两大元素之外，还包括背景，如图10-1所示为某款鞋子的主图。

1. 主图背景

主图背景可以是纯色背景，也可以是环境背景，商品的主图背景要跟商品本身相符合，如童装可以用颜色鲜艳的背景，文艺女装可以用浅色背景，而有机食品可以用绿色背景。

2. 商品图

商品图是所有元素中最重要的，一定要清晰，其位置一般在主图中居中，切不可让其他元素喧宾夺主。如图10-2所示为某鞋子商品的主图，该主图上的鞋子商品图处于主图的视觉中心，且商品图片清晰有特色。

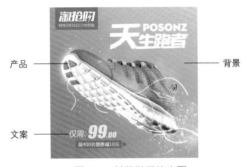

图10-1　某款鞋子的主图

图10-2　某鞋子商品的主图

3. 文案

主图的文案要提炼卖点，如果商品有价格优势一定要明确价格，如果有特殊附加服务项目也要在文案中凸显出来。文案内容不宜太多，在主图中的占比最好不要超过30%。

主图配上文字更容易精准地传递商品信息，达到图文并茂的视觉传达效果。首先，文字不宜过多，要精练、简短，用最简短的文字将信息传达出来。其次，文字的位置、颜色、字体必须一致，即同一个店铺的主图上的文字都排放在同样的位置，不要有的在左有的在右。如图10-3所

图10-3　给人混乱感觉的主图设计

示，文案出现在主图的不同位置，且大小、颜色均不统一，店铺看上去花里胡哨，给人混乱的感觉。

10.2 主图的设计要领

网店的主图是否规范，直接影响商品的点击率和店铺的美观，主图的尺寸、背景、版式、文字、用色都有其相应的规范。

10.2.1 主图的尺寸规格

淘宝／天猫主图的标准尺寸为 800 像素 ×800 像素的正方形。为了让买家能更清楚地查看商品主图的细节，淘宝／天猫的主图展示支持图像放大功能，商品主图应尽量选用 800 像素 ×800 像素以上的图片。如果主图尺寸小于 700 像素 ×700 像素，图片没有放大功能，如果主图尺寸大于 700 像素 ×700 像素，就会在主图的右下角显示放大镜图标，鼠标指针移动到图片上，就会在右侧显示出选定区域放大的细节，如图 10-4 所示。

图10-4　用放大功能放大显示主图上的相应区域

在 PC 端编辑发布商品时，主图通常可以上传 4 ～ 6 个不同角度的图片。编辑时淘宝会提示：如果上传的是 700 像素 ×700 像素的图片，在发布后，商品详情页的主图才能使用放大镜功能。

10.2.2 主图的背景要求

买家在搜索同一类商品时，同类主图一起展示，如果你的商品背景需要明显地区别于其他商品，就能够多吸引一分注意力，增加被点击的概率。当然，商品的主图背景要跟商品本身相符合。

淘宝商品第五张图的底色要求为白色，因为白色底能更好地展现商品，突出商品特性，如图10-5所示。更重要的是，如果商品第五张图是白色背景，则有机会获得手淘首页推荐，获取大量的精准曝光流量，同时还会获得商品内商品置顶的额外流量。

另外，在设计主图时，既要保持店铺内部的整体统一，视觉协调，又要兼顾搜索页的差异，吸引买家点击。如图10-6所示的主图，使用了统一的背景，看上去清爽简洁，有档次。

图10-5　淘宝商品第五张图　　　　　　　　图10-6　使用了统一背景的主图

10.2.3　主图的版式设计

主图设计要注意商品图片与文案的布局，如果主图上的干扰元素过多，就会影响顾客对图片信息的筛选，从而影响判断。因此，主图构图要明快简洁，商品主体突出，居中放置。每张图片中只能有一个主体，不可出现多个。主图中商品主体完整，版面占比不能过小，建议商品的主体占整个主图60%的版面，并应处于主图的中央部位，非常符合视觉审美习惯。主图内容应铺满整个版面，不要出现过多文字或水印，会影响美观，同时也不要让文案置于商品图之上，如图10-7所示为某商品主图的版式设计。

在进行主图版式设计时，其重点就是设计文字的位置，主图上文字的位置有以下三种。

■　　沉底式。沉底式是最为常用的文字位置，即将文案信息置于商品图下方的一种排版方式，这种排版通常不会破坏画面的整体性，简约而不简单，文字信息需要和底色配合，并且要能突出文字，版式效果如图10-8所示。

■　　左右式。左右式即将文案信息置于商品图的左侧或右侧的一种排版方式，文字可横式排版也可竖式排版，文案信息需要主次分明，颜色尽量选择单色或双色，字体不要超过两种，文字越精简越好，版式效果如图10-9所示。

■　　中间式。中间式即将文字信息置于主图中央的一种排版方式。这种排版方式对商品图和文案有一定的要求，文字置于中间位置，文案信息一般较少，言简意赅，单行或者居中排列，版式效果如图10-10所示。

图10-7　某商品主图的版式设计　　　　图10-8　沉底式的版式效果

图10-9　左右式的版式效果　　　　图10-10　中间式的版式效果

10.2.4　主图的配色要求

　　主图应该根据商品的店铺风格，选择适宜的颜色，一定要与店铺的整体风格相搭，而且还要和商品本身的基调一致。如果商品颜色比较亮丽，则可以使用一些较浅的底色；如果商品颜色较浅，则可适当使用一些较活泼的底色，以突出商品。其次，在满足商品配色的前提下，应根据季度的更换来选择颜色，冬天选择暖色比较好，夏天比较热，就不宜设置比较暖的颜色，否则心情容易烦躁，如图10-11所示是某夏装的主图的配色。

图10-11　某夏装的主图的配色

10.3 实例：茶叶主图设计

■ 案例导入

不同类目的主图有不一样的要求，但也有共性，主张都要展示商品全貌图、细节图、正面图、侧面图和白色背景图，在具体设计时需要结合行业特色进行展示。本例是一个茶叶主图设计，根据商品特色，茶叶设计传达给人一种雅致的文化感受，设计风格应朴素古典。

■ 案例效果

本例将设计制作一个茶叶的主图，完成后的效果图如图 10-12 所示。

■ 案例步骤

主图制作过程相对简单，其具体操作步骤如下：

第 1 步：按 Ctrl+N 组合键，打开"新建文档"对话框，设置名称为"茶叶主图"，宽度为 800 像素，高度为 800 像素，分辨率为 72 像素 / 英寸。设置前景色为浅灰色，按 Alt+Delete 组合键，填充前景色。

第 2 步：打开素材包 \ 素材文件 \ 第 10 章 \ "茶"图像文件，将其拖入新建的文件中，如图 10-13 所示。

图10-12　主图效果图

第 3 步：选择工具箱中的"横排文字"工具 T ，分别输入文字"茶、道、人、生"，字体为华文中宋，如图 10-14 所示。

图10-13　添加素材

图10-14　输入文字

第 4 步：选择工具箱中的"横排文字"工具 T ，输入"普洱滇红礼盒"，字体为黑体，如图 10-15 所示。

第 5 步：选择工具箱中"椭圆"工具 ○ ，在工具选项栏中选择"形状"，设置描边色为暗红，像素为 1 像素，绘制如图 10-16 所示的圆。

图10-15　输入文字

图10-16　绘制圆

第6步：选择工具箱中的"移动"工具 ⊕，按 Alt+Shift 组合键，复制几个圆，如图 10-17 所示。

第7步：选择工具箱中的"横排文字"工具 T，输入广告语，字体为 Adobe 黑体，如图 10-18 所示。

图10-17　复制圆

图10-18　输入文字

第8步：选择工具箱中"直线"工具 ✎，在工具选项栏中选择"形状"，设置描边色为暗红，像素为 1 像素，绘制如图 10-19 所示的路径。

第9步：选择工具箱中的"移动"工具 ⊕，按 Alt+Shift 组合键，复制一条直线，如图 10-20 所示。

图10-19　绘制直线

图10-20　复制直线

第10步：打开素材包\素材文件\第10章\"叶子1"图像文件，将其拖入新建的左上角，如图 10-21 所示。

第11步：打开素材包\素材文件\第10章\"叶子2"图像文件，将其拖入新建的文件中，如图 10-22 所示。

图10-21　添加素材　　　　　　　图10-22　添加素材

高手秘笈

技巧1：优化主图

买家打开淘宝买东西，搜索商品后最先看到的就是商品主图。主图够不够漂亮、有没有吸引力，决定了买家进不进店查看详情页。如果不进店，即便你的商品性价比再高，详情页做得再漂亮也无济于事。因此，主图的设计是非常重要的，在设计主图时经常需要对主图进行优化，其优化要点如下。

1. 突出主体

主图一定要突出商品，切不可喧宾夺主。如图 10-23 所示是两张女鞋的主图设计，左图是以拍摄的女鞋商品实体图为主体，很容易引起顾客注意；右图是以穿着女鞋的模特为主体。同样是女鞋的主图，左图突出了女鞋商品这一主体，右图却不能很好地体现女鞋这一主体，而更像是突出了模特这一主体。

图10-23　两张女鞋的主图设计

2. 突出卖点

淘宝中有成千上万个卖家在竞争，商品主图更像是一个店铺的"门面"，当买家在搜索商品后，会同时看到有许多店铺，如何让自己的商品在众多商品中被买家选中，最主要的还是在于你的商品有别于其他商品的优势是什么，如价格、销量、品质和功能等。通过分析买家的需求，把最重要的卖点展示在主图上，如图10-24所示是主图主要突出地毯的低折扣这一独特卖点。

3. 直击痛点

主图不是越美观越大气越好，而是要在主图上表达出买家需要寻找的东西，也就是直击买家的内心，这样的图片一般点击率是不会低的。通过买家搜索关键词，我们就能知道他们在寻找什么，这样就能对症下药，体现在主图上。比如说买家想要的是"摔不坏的手机"，而你的主关键词或大流量词刚好是"防摔"，那么你的主图就要突出这个手机的坚固性，让买家相信你的商品是有"经得起摔"这个特点的，才能让他们点击浏览并购买。如图10-25所示。

图10-24　突出地毯的低折扣这一卖点　　　图10-25　突出手机防摔的特点

4. 干净利落

主图要干净利落，不要把所有促销信息都全部放在主图上。如果主图的牛皮癣广告太多，不仅会影响主图的美观性，感觉商品没什么档次，而且主图上的"牛皮癣"还会影响商品权重。如图10-26所示为典型的牛皮癣主图，小小的主图上堆放了太多的广告文字，快把主图都赶下台了，不仅严重影响了主图的美观性，而且还喧宾夺主。

图10-26　太多广告文字的主图

技巧2：做到以下3点，让钻展推广图点击率轻松翻倍

一张高点击率的钻石展位素材离不开极具吸引力的文案、构思新颖且创意独特的设计、运营策划和数据测试的多方面密切配合，好的钻石展位创意图是影响钻石展位推广效果的一个重要因素。一般情况下，钻石展图的点击率在8%以上就是不错的创意了，怎样才能设计出高点击率的钻石展图呢？通常需要把握以下几个要点。

1. 选择合适的素材

在制作钻石展图时，一定要选择合适的素材，因为素材对于点击率的提升是有一定的影响的。在选择素材时，首先要先分析店铺商品的定位，以及投放人群。因为不同的人群，需求不同。例如年轻人喜欢街拍，那么年轻人服装的钻石展图素材就可以使用街拍图，如图10-27所示。

2. 有吸引力的文案

钻石展图的文案和设计的创意同样重要，文案新奇，更容易吸引买家眼球。创意新颖、简练易懂的文案会格外出彩。淘宝"双11""双12"这类大促活动，促销信息漫天飞。要想在这么多的大促信息中脱颖而出，肯定就需要做出不一样的吸引客户的卖点。钻石展图配上"逆天"的文案才会相得益彰，在设计前构思一些有创意的文案是非常有必要的，可以从商品特性、品牌实力、活动促销、独特创意等几个方向去挖掘，如图10-28所示。

图10-27　街拍素材图　　　　　　　　　　　　图10-28　有吸引力的文案

3. 亮丽的颜色

钻石展图不宜使用单一或偏暗的颜色，通常选用比较明快亮丽的颜色，才能吸引人们的眼球，从而刺激人们的点击欲望，因此，钻石展图的颜色设计最好能有一个亮色突出来，把整个钻石展图活跃起来，如图10-29所示的钻石展图就是使用了亮丽的蓝色。

图10-29　亮丽蓝色的钻石展图

第11章

商品详情页设计

本章导读

在淘宝店铺装修设计中，宝贝详情页的设计是一个非常重要的因素，宝贝详情页设计得不好，即使引入再多的流量，最终也会因为低转化率使流量减少。本章将介绍淘宝网店详情页设计的方法以及详情页装修的操作方法。

知识要点

- 宝贝详情页设计的基础知识
- 宝贝详情页设计要点
- 详情页切图并上传到店铺的方法
- 使用"淘宝神笔"编辑 PC 端宝贝详情

11.1 商品详情页设计的基础知识

宝贝详情页是用来详细介绍宝贝详细情况的页面，其包含了商品以及要传达给顾客的所有信息，好的详情页可以激发顾客的购买欲望，大大提高转化率。

11.1.1 宝贝详情页的基础模块组成

淘宝客户在购买商品时，通常是先搜索，然后看到自己喜欢的商品，就直接进入了详情页面。因此，宝贝详情页是提高转化率的首要入口。一个优秀的详情页，通常由页面头部、侧面、宝贝详情内容、页面尾部等四部分组成。

■ 页面头部：LOGO、店招、店铺搜索，以及店铺的导航等。

■ 侧面：客服中心、店铺公告、宝贝分类、自定义模块、售前和售后客服人员等。

■ 详情页核心页面：详情页的核心页面，是影响顾客是否购买的决定因素。其内容包括宣传海报、商品展示、尺寸选择、场景展示、细节展示、搭配推荐、好评截图、包装展示等。

■ 页面尾部：与头部展示风格相呼应，也可以是购物须知。

详情页核心页面的设计要让顾客更详细地了解所需要的信息，展示的商品信息要尽量详细，详情页核心页面的主要内容详解如下。

1. 宣传海报

通常，详情页的前三屏内容决定客户是否想购买该商品，必须在 3 秒钟内吸引客户的注意力，否则流失的可能性非常高。其中店铺宣传海报图是视觉焦点，能在第一时间吸引顾客眼球。如图 11-1 所示为商品详情页的首屏宣传海报大图。

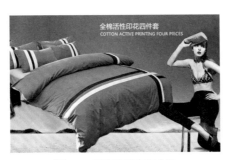

图11-1　首屏宣传海报大图

2. 商品展示

商品展示图用于展示商品的全貌，能够最直观地表现商品，可激发顾客的购买欲望。如图 11-2 所示为某商品的商品展示图。

对于服装类目，除了衣服的正反面效果展示，通常还需要模特的全方位甚至穿着环境展示，如图 11-3 所示为模特穿着环境展示效果。

图11-2　某宝贝的商品展示图　　　　　　　图11-3　模特穿着环境展示效果

3. 搭配推荐

其实，大多数买家对于商品搭配的感觉并不是很敏锐，他们更愿意相信专业店主的搭配推荐。如果买家非常接受店主推荐的搭配风格，那么客户很可能就会成为店铺的忠实客户。如图 11-4 所示为某宝贝的搭配推荐。

4. 商品参数

商品参数就是对商品品质的最好证明，这些参数指标信息具有很强的说服力，虽然大部分顾客可能不会太过于在意这些参数，但是将数据展示出来能增加顾客对商品的信任度，如图 11-5 所示参数更能让顾客相信商品是纯棉的。

图11-4　某宝贝的搭配推荐　　　　　　　图11-5　商品参数

5. 宝贝细节图

细节图展示商品的局部细节信息，也是顾客感知商品品质的重要方式。如图 11-6 所示为衣服的领口、袖口、纽扣、拉链、下摆、口袋、面料等在详情页中均展示出来，减少顾客因商品信息不完整而流失以及咨询客服的时间成本。

6. 包装展示

一个好的商品包装，不仅可以降低顾客收到商品时的期望落差，而且还能提升商品的品牌形象和商品质感，给顾客留下良好印象。如图 11-7 所示的商品包装展示可让顾客对本商品产生信赖。

图11-6　商品细节图片

图11-7　商品包装展示

11.1.2　宝贝详情页设计的基本流程

在进行宝贝详情页设计时，需要按流程进行操作。其具体流程如下。

1. 确定页面风格
页面风格设计通常需要根据商品的属性和功能等因素来确定。如果商品没有自己的特征属性，则可以根据商品的人群定位、季节性，以及主题活动来定。

2. 收集素材资料
素材资料包括实拍的商品素材和平时收集整理和分类的设计素材库中的相关素材。

提示 素材有免费和付费两种获得渠道。

3. 框架布局
在设计框架布局时，需根据文案内容，结合实际商品，进行有效地布局建立，可以从以下几个方面入手。

- 图片广告：引起注意的商品海报图、提升兴趣的商品全景图。
- 文案设计：用痛点拉近与客户的距离，用卖点体现商品价值与优势。
- 商品展示：用商品属性功能提升客户兴趣，商品细节展示让客户更了解商品。
- 信誉展示：用检测报告建立信任，用好评分享展示提高对商品的信赖。

4. 确定配色方案
详情页的配色不仅要与店铺的整体色彩风格一致，而且还要考虑商品本身的色彩。设计人员可以从商品本身提取，或者从标志中提取。

5. 选择合适字体类型
字体也是详情页中的一大设计内容，它的作用不仅是对商品进行解释或说明，同时也起着对重要信息的引导作用，方便浏览者阅读。

提示 字体类型一般不要超过 3 种；字体颜色的深浅不能影响阅读；重点内容要加粗突出；字体大小要适中。

6. 排版设计

根据文案内容与图片的情况选择合适的版式设计。版式要有视觉冲击力、体现大气，版面要突出整洁、清爽、舒适的页面效果。文字多时，需分组设计。

7. 修改与定稿

把制作完成好的设计稿输出 JPG 格式给运营进行阅稿审核，如需修改与优化，经交流后进行局部修改，直至达到满意定稿为止。

11.1.3 宝贝详情页设计要点

顾客进入详情页面基本上意味着对该宝贝已有一定的兴趣，他希望在宝贝详情页面获得更多更有效的信息，以增强对该商品的购买信心。因此，宝贝详情页设计对顾客必须要有吸引力，好的详情页设计可以加大顾客购买的可能性，从而提高转化率。

1. 页面风格要统一协调

虽然每个网店都有自己的风格，无论是高端大气的商业化风格，还是简约精致的现代风格。其详情页的风格都应该与店铺的整体风格一致，并且是统一协调的，不能这个页面是这种风格，另外一个页面又出现另外一种风格。

提示 页面风格通常包括颜色、背景以及商品图片风格的一致。详情页与首页的风格要统一。

2. 页面内容的选择要有取舍

商品详情页并不是越长越好，也不是图片越全越好。详情页面做得好与不好，并不取决于长度，而是其内容。在将商品介绍得很清楚的前提下把内容量控制在 2 ～ 3 屏为最佳。

设计人员可以从以下几个方面进行优化处理。

（1）挑选出最具表现力和最佳角度的照片来展示。

（2）细节图不要追求面面俱到，只选择消费者最关心的细节点。

（3）不要使用一些与卖点和商品特色介绍无关紧要的图。

（4）精选内容，哪些内容是可以不要的，哪些内容是非常重要的和必须要的。

其实，让顾客耐心地看完详情页所列的内容是很困难的，除非你的内容做得很有特色，能吸引顾客的兴趣。

提示 不同类型的宝贝，顾客的需求程度不同，其内容展示的重点也有所不同。

3. 图文设计要合理

详情页内容确定之后，如何将这些内容进行合理设计，是详情设计的重要内容，图文设计要注意以下事项：

■ 在详情页首屏适当添加一些与店铺的营销活动与商品详情相结合的文字，可起到画龙点睛的作用。

■ 　在设计文字时，可以将重点内容的字体、字号、颜色等设置得更醒目，一目了然。

■ 　商品细节应尽可能使用实拍图片，给客户一种真实的感觉。

4. 要突出商品卖点

商品卖点有价格、款式、服务、特色、品质、人气等。可以从以下几个方面来挖掘商品的卖点：

■ 　根据市场调查结果以及对自己商品的分析结果，然后罗列出消费者所关注的问题、同行的优缺点。

■ 　根据市场调查和商品分析的结果确定店铺的消费群体和自身商品的定位。

■ 　根据消费群体和商品本身挖掘出商品的卖点。

11.2 实例：女鞋商品整体展示设计

■ **案例导入**

商品整体展示是位于详情页开始处，直接影响着详情页的好坏，包含整体展示的宣传图片，实物整体展示，商品使用环境等。

■ **案例效果**

本例将制作一个女鞋宝贝整体展示设计图，制作完成后的效果图如图 11-8 所示。

图11-8　女鞋宝贝整体展示效果图

■ **案例步骤**

具体操作步骤如下：

第1步：按 Ctrl+N 组合键，打开"新建文档"对话框，设置名称为"详情页"，宽度为 790 像素，高度为 8450 像素，分辨率为 72 像素 / 英寸。

第2步：选择工具箱中的"矩形选框"工具，绘制选区。选择工具箱中的"渐变"工具，单击工具选项栏中"点按可编辑渐变"按钮，打开"渐变编辑器"对话框，分别设置几个位置点颜色的 RGB 值为：0（237、235、236）、100（167、172、178），如图 11-9 所示。在图 11-10 所示的位置从上至下拖动光标，填充渐变色，按 Ctrl+D 组合键，取消选区，如图 11-11 所示。

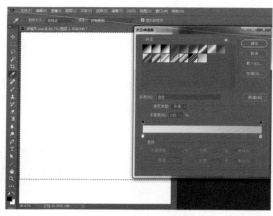

图11-9　编辑渐变填充颜色　　　　　　　图11-10　绘制填充渐变色

第 3 步：打开素材包 \ 素材文件 \ 第 11 章 \"美女 1、鞋 1"图像文件，将其拖入新建的文件中，如图 11-12 所示。

图11-11　填充渐变色的效果　　　　　　　图11-12　打开素材文件

第 4 步：选择工具箱中的"横排文字"工具 **T**，分别输入两行文字，字体为黑体，如图 11-13 所示。

第 5 步：选择工具箱中的"椭圆"工具 ⬭，在选项栏中选择"形状"，在选项栏中设置 RGB 值为：234、2、2，按住 Shift 键，绘制一个正圆，如图 11-14 所示。在路径面板中自动生成工作路径。

图11-13 输入文字 图11-14 绘制一个正圆

第6步：选择工具箱中的"直接选择"工具 ，选中最下面的节点，按住 Shift 键向下拖动，如图11-15所示。选择工具箱中的"转换点"工具 ，单击最下面的节点，形状如图11-16所示。

图11-15 使用"直接选择"工具编辑节点 图11-16 使用"转换点"工具编辑节点

第7步：选择工具箱中的"横排文字"工具 ，在图形上输入文字，字体为黑体，如图 11-17 所示。

第8步：选择工具箱中的"横排文字"工具 ，输入一行英文和中文，选中英文，单击"字符"面板中的仿斜体按钮 ，将英文倾斜，如图 11-18 所示。

图11-17 输入文字 图11-18 编辑文字

第 9 步：选择工具箱中的"矩形"工具▢，在选项栏中选择"形状"，设置颜色为黑色，如图 11-19 所示。选择工具箱中的"矩形"工具▦，绘制选区。执行"编辑"|"描边"命令，如图 11-20 所示。

图11-19　绘制矩形并填充　　　　　　　　图11-20　执行"描边"命令

第 10 步：在打开的"描边"对话框中设置宽度为 1 像素，颜色为黑色，单击"确定"按钮，如图 11-21 所示。按 Ctrl+D 组合键取消选区，如图 11-22 所示。

图11-21　设置"描边"参数　　　　　　　图11-22　描边后的效果

第 11 步：选择工具箱中的"横排文字"工具 T，输入文字"黑色"，字体为黑体，如图 11-23 所示。选中文字图层，单击"图层"面板下方的"添加图层样式"按钮 fx，在弹出的快捷菜单中选择"颜色叠加"命令，在弹出的"图层样式"对话框中设置参数，如图 11-24 所示。

第 12 步：文字颜色叠加为白色到金色的渐变色，如图 11-25 所示。选中矩形、矩形框、文字所在三个图层，按 Ctrl+J 组合键复制图层，水平移动图形到右边，如图 11-26 所示。

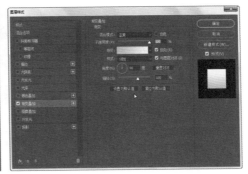

图11-23　输入文字	图11-24　设置"图层样式"参数

图11-25　添加图层样式后的效果	图11-26　复制图形

第 13 步：选择工具箱中的"横排文字"工具，将右边的文字改为"蓝色"，如图 11-27 所示。

第 14 步：打开素材包 \ 素材文件 \ 第 11 章 \ "鞋 2、鞋 3"图像文件，将其拖入新建的文件中，如图 11-28 所示。

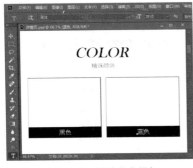

图11-27　修改文字颜色	图11-28　打开素材并调整其位置

第 15 步：打开素材包 \ 素材文件 \ 第 11 章 \ "鞋 4、美女 2"图像文件，将其拖入新建的文件中，如图 11-29 所示。

第 16 步：按住 Ctrl 键，单击"美女 2"素材所在的图层，载入选区，如图 11-30 所示。

图11-29 打开素材并调整其位置　　图11-30 载入"美女2"素材所在的图层的选区

第17步：执行"选择"|"修改"|"扩展"命令，在打开的"扩展选区"对话框中设置扩展量为9像素，如图11-31所示。

第18步：单击"确定"按钮，扩展选区后的效果如图11-32所示。

图11-31 设置"扩展选区"参数　　　　图11-32 扩展选区后的效果

第19步：执行"编辑"|"描边"命令，在打开的"描边"对话框中设置宽度为1像素，颜色为黑色，单击"确定"按钮，如图11-33所示。按Ctrl+D组合键取消选区，如图11-34所示。

图11-33 设置"描边"参数　　　　　图11-34 描边后的效果

第20步：选择工具箱中的"横排文字"工具，输入两行文字，第一行字体为方正姚体，第二行字体为方正兰亭超细黑简体，如图11-35所示。

第21步：打开素材包\素材文件\第11章\"鞋5、美女3"图像文件，将其拖入新建的文件中，用相同的方法制作边框并输入文字，如图11-36所示。

图11-35 输入文字　　　　　　　　　　图11-36 制作边框并输入文字

第22步：选择工具箱中的"矩形"工具 ■，在选项栏中选择"形状"，设置颜色为黑色，绘制矩形。选择工具箱中的"横排文字"工具 **T**，输入文字"实物拍摄"，字体为黑体，如图11-37所示。

第23步：选择工具箱中的"多边形"工具 ○，在选项栏中设置"边"为3，颜色为黑色，在矩形下方的中间绘制三角形，如图11-38所示。

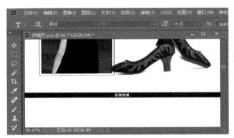

图11-37 绘制"矩形"并输入文字　　　　　　图11-38 绘制三角形

第24步：选择工具箱中的"画笔"工具 ✎，按F5键，打开"画笔设置"面板，设置大小为2像素，间距为246%，如图11-39所示。按住Shift键，绘制虚线，如图11-40所示。

图11-39 设置"画笔"工具　　　　　　　图11-40 绘制虚线

第 25 步：选择工具箱中的"矩形"工具■，在选项栏中选择"形状"，设置颜色为黑色，在右侧绘制矩形，选择工具箱中的"横排文字"工具■，输入文字，字体为黑体，如图 11-41 所示。

第 26 步：打开素材包＼素材文件＼第 11 章＼"鞋 6"图像文件，将其拖入新建的文件中，并调整其位置，如图 11-42 所示。

图11-41 绘制矩形并输入文字

图11-42 打开素材图片并调整其位置

第 27 步：选择工具箱中的"横排文字"工具■，输入英文，字体为华文琥珀。选择工具箱中的"画笔"工具■，按住 Shift 键，绘制虚线，如图 11-43 所示。打开素材包＼素材文件＼第 11 章＼"鞋 7"图像文件，将其拖入新建的文件中。复制文字和虚线，如图 11-44 所示。

图11-43 输入文字和绘制虚线

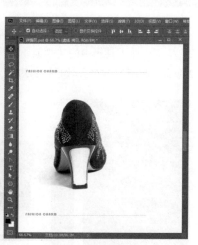

图11-44 复制文字和虚线

第 28 步：打开素材包＼素材文件＼第 11 章＼"鞋 8"图像文件，将其拖入新建的文件中，并调整其位置，如图 11-45 所示。

11.3 实例：女鞋商品亮点设计

■ **案例导入**

宝贝亮点设计用于展示商品与同类商品相比的优点，亮点展示越多越有说服力。

■ **案例效果**

本例将制作一个女鞋宝贝亮点设计图，制作完成后的效果如图 11-46 所示。

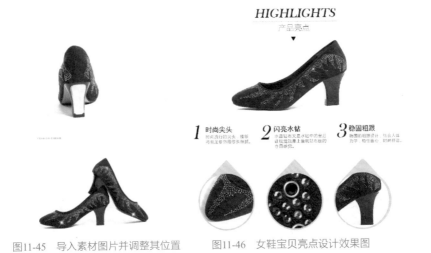

图11-45 导入素材图片并调整其位置　　　图11-46 女鞋宝贝亮点设计效果图

■ **案例步骤**

具体操作步骤如下：

第1步：选择工具箱中的"横排文字"工具 **T**，输入一行英文和中文，选中英文，单击"字符"面板的仿斜体按钮 **T**，将英文倾斜，如图 11-47 所示。复制前面绘制的三角形和虚线，放到文字的下方，如图 11-48 所示。

图11-47 输入文字

图11-48 复制三角形和虚线

第2步：打开素材包\素材文件\第 11 章\"鞋 9"图像文件，将其拖入新建的文件中，并调整其位置，如图 11-49 所示。

第 3 步：选择工具箱中的"横排文字"工具 ■，分别输入序号和文字，单击"字符"面板的仿斜体按钮 ■，将序号倾斜，如图 11-50 所示。

图11-49　打开素材图片并调整其位置

图11-50　输入并编辑文字

第 4 步：复制两次第一组文字，选择工具箱中的"横排文字"工具 ■，改变文字的内容，如图 11-51 所示。

第 5 步：选择工具箱中"椭圆"工具 ■，在工具选项栏中选择"路径"，按住 Shift 键，绘制如图 11-52 所示的圆。

图11-51　编辑文字

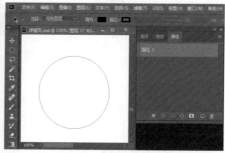

图11-52　绘制圆

第 6 步：按 Ctrl+C 组合键复制路径，按 Ctrl+V 组合键粘贴路径。选择工具箱中"直接选择"工具 ■，选中最上面的节点，按住 Shift 键向上拖动，如图 11-53 所示。选择工具箱中"转换点"工具 ■，单击最上面的节点，改变路径，如图 11-54 所示。

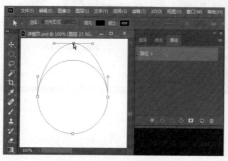

图11-53　复制并编辑路径

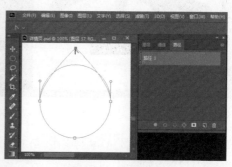

图11-54　编辑路径

第 7 步：拖动右边节点的调节杆，微调路径，如图 11-55 所示。再拖动左边节点的调节杆，微调路径，如图 11-56 所示。

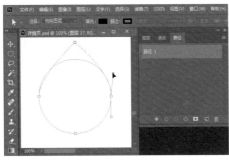

图11-55　微调路径

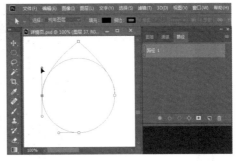

图11-56　微调路径

第 8 步：选择工具箱中的"路径选择"工具 ，选中圆，如图 11-57 所示。按Ctrl+T 组合键，按住 Shift+Alt 组合键，将圆缩小，如图 11-58 所示。

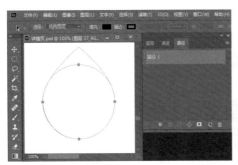

图11-57　选中圆

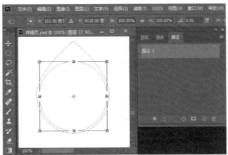

图11-58　将圆缩小

第 9 步：选择工具箱中的"路径选择"工具 ，选中外面的路径，单击"路径"面板中的"将路径作为选区载入"按钮 ，如图 11-59 所示。

第 10 步：选择工具箱中的"路径选择"工具 ，选中圆，按住 Alt 键的同时单击"路径"面板中的"将路径作为选区载入"按钮 ，在打开的"建立选区"对话框中单击"从选区中减去"单选按钮，单击"确定"按钮，如图 11-60 所示。

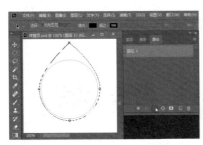

图11-59　将路径作为选区载入

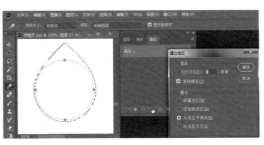

图11-60　从选区减去

第 11 步：新建图层，设置前景色为灰色，按 Alt+Delete 组合键填充前景色，按 Ctrl+D 组合键取消选区。如图 11-61 所示。水平向右复制两个图形，如图 11-62 所示。

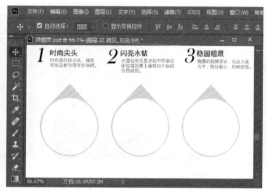

图11-61　填充选区　　　　　　　　　　　图11-62　复制两个图形

第 12 步：打开素材包\素材文件\第 11 章\"鞋 10"图像文件，将其拖入新建的文件中。选择工具箱中"路径选择"工具，选中圆，按住 Alt 键的同时单击"路径"面板中的"将路径作为选区载入"按钮，如图 11-63 所示。

第 13 步：按 Ctrl+Shift+I 组合键反选选区，按 Delete 键删除选区内的图像，按 Ctrl+D 组合键取消选区，如图 11-64 所示。

图11-63　导入图片并将路径作为选区载入　　图11-64　反选选区并删除选区内容

第 14 步：打开素材包\素材文件\第 11 章\"鞋 11、鞋 12"图像文件，用相同的方法删除多余图像，完成后的效果图如图 11-65 所示。

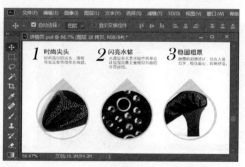

图11-65　完成后的女鞋宝贝亮点图像

设计无忧 电商美工Photoshop实战技术

11.4 实例：女鞋商品细节展示设计

■ **案例导入**

商品细节模板主要用于展示商品做工、款式等细节问题，展示方式主要通过将商品做工区域放大显示，并配上合适的文字说明。

■ **案例效果**

本例将制作一个女鞋宝贝细节展示设计图，制作完成后的效果如图11-66所示。

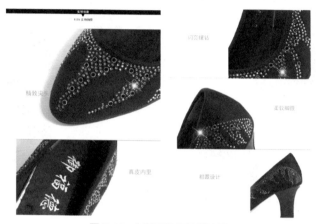

图11-66 女鞋宝贝细节展示图

■ **案例步骤**

具体操作步骤如下：

第1步：复制前面的矩形和文字，选择工具箱中的"横排文字"工具 **T**，修改文字内容，如图11-67所示。

第2步：打开素材包\素材文件\第11章\"鞋13、鞋14"图像文件，将其拖入新建的文件中，并调整其位置如图11-68所示。

图11-67 复制矩形和文字

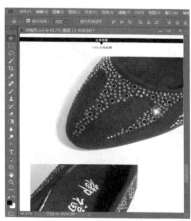

图11-68 导入素材图片并调整其位置

第 3 步：打开素材包\素材文件\第 11 章\"鞋 15、鞋 16"图像文件，将其拖入新建的文件中，并调整其位置如图 11-69 所示。

第 4 步：选择工具箱中的"直线"工具 ，在工具选项栏中选择"形状"，设置描边色为黑色，粗细为 1 像素，绘制如图 11-70 所示的直线。

图11-69　导入素材图片并调整其位置

图11-70　绘制直线

第 5 步：选择工具箱中的"横排文字"工具 ，输入文字，字体为黑体，完成详情页的制作，完成后的效果如图 11-71 所示。

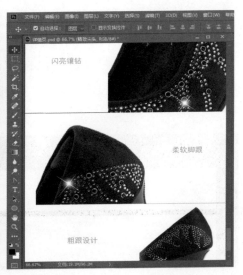

图11-71　完成后的效果图

11.5　详情页切图并上传到店铺

淘宝详情页切图是指将制作好的一张宝贝详情页的图片使用工具进行切片，分割成多张小的图片。

11.5.1　为什么要对详情页切片

淘宝详情页切片的原因有很多，主要有以下几个原因。

■　淘宝详情页切图后可以防止他人直接盗用整张详情页。

■　如果详情页图片比较大，用户在打开页面时就会等很久才能看到图片，影响加载速度，客户体验不好。将图片切片之后，由于图片变小，打开页面的加载就会加快，减少等待时间。

■　淘宝详情页切图后更适合修改详情页，比如一张图上有好几个商品图片，如果只换其中一个商品，那么只需要替换掉这个切片的图片即可，就避免了整个版面重新上传。

11.5.2　使用Photoshop对详情页切片

在 Photoshop 中对详情页切片，非常简单，在 Photoshop 详情页图像窗口中拖出参考线到指定位置后再进行切片，其具体操作方法如下：

第 1 步：按 Ctrl+O 组合键，打开 "\ 素材文件 \ 第 11 章 \ 详情页 .jpg" 文件。按 Ctrl+R 组合键显示标尺，拖出如图 11-72 所示的参考线。

第 2 步：选择工具箱中的 "切片" 工具，单击菜单栏中的 "基于参考线的切片" 按钮，切片后的效果如图 11-73 所示。

图11-72　拖出参考线

图11-73　切片后的效果

第 3 步：执行"文件"|"导出"|"存储为 Web 所用格式"命令，在"存储为 Web 所用格式"对话框右侧设置画面品质，设置优化的图片格式，单击"存储"按钮，如图 11-74 所示。

第 4 步：在打开的"将优化结果存储为"对话框中输入文件名，选择存储格式为仅限图像，单击"保存"按钮即可，如图 11-75 所示。

图11-74　设置优化的图片格式　　　　　　　　　　图11-75　保存文件

11.5.3　发布上传详情页

在卖家中心上传详情页的具体操作步骤如下：

第 1 步：在卖家中心单击"商品管理"标签下的"发布商品"链接，如图 11-76 所示。选择发布宝贝所在的类目，单击"下一步，发布商品"按钮，如图 11-77 所示。

图11-76　单击"发布商品"链接　　　　　图11-77　单击"下一步，发布商品"按钮

第 2 步：进入出售中的宝贝页面，单击"电脑端描述"的"图像"按钮，如图 11-78 所示。

图11-78 单击"图像"按钮

第3步：单击"上传图片"按钮，如图11-79所示。在弹出的页面中再单击"上传"按钮，如图11-80所示。

图11-79 单击"上传图片"按钮　　　　图11-80 单击"上传"按钮

第4步：在"文件上传"对话框中选择要上传的文件，可以用框选的方法同时选中多个文件，单击"打开"按钮，如图11-81所示。选中要插入的图片，单击"确认"按钮，如图11-82所示。

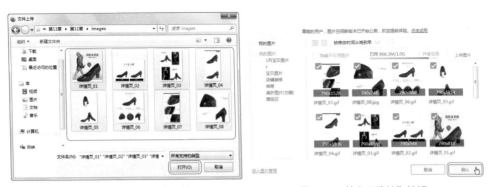

图11-81 选择要上传的文件　　　　图11-82 单击"确认"按钮

第5步：此时，图片被插入到了宝贝描述编辑框中。所有设置完成后，单击最下方的"提交商品信息"按钮即可发布宝贝并上传详情页，如图11-83所示。

图11-83　单击"提交宝贝信息"按钮

11.6　使用"淘宝神笔"编辑PC端商品详情

"淘宝神笔"用于编辑手机端详情页和 PC 端详情页，下面将介绍使用"淘宝神笔"编辑 PC 端宝贝详情的方法。

11.6.1　使用详情页模板

"淘宝神笔"其实就是一个免费装修详情页模板，卖家只需要起店铺的宝贝图片替换就可以了，具体操作步骤如下：

第 1 步：输入网址"xiangqing.taobao.com"进入淘宝神笔，单击"模板市场"链接，如图 11-84 所示。

图11-84　单击"模板市场"链接

第 2 步：进入模板市场后可以选择风格和行业，本例选择的行业是"鞋类箱包"。选择要试用的模板，单击进入，如图 11-85 所示。

图11-85 选择要试用的模板

第3步：模板可以先试用，试用满意后再单击"立即购买"按钮购买，单击"立即试用"按钮，如图 11-86 所示。

第4步：单击要试用的宝贝前面的单选按钮，单击"编辑电脑详情"按钮，如图 11-87 所示。

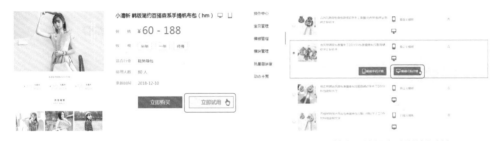

图11-86 单击"立即试用"按钮　　　　图11-87 单击"编辑电脑详情"按钮

第5步：进入模板页面，在要替换的图片上单击将其激活，单击右边的"图片"按钮，如图 11-88 所示。

图11-88 单击"图片"按钮

第6步：在打开的页面中选择已上传好的宝贝图片，如图 11-89 所示。单击"确认"按钮，即可将宝贝图片置入，如图 11-90 所示。

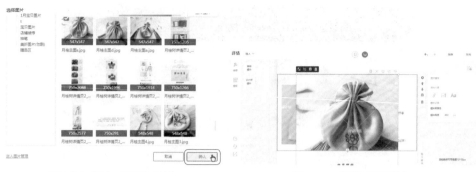

图11-89 单击"确认"按钮

图11-90 将宝贝图片置入

第7步：将光标置于图片的右上方拖动，可以调整图片的大小。选中图片，可以移动图片的位置，如图 11-91 所示。

第8步：除了替换图片以外，还可以编辑模块中的文字，在文字上单击即可将其激活，可以设置文字的字体、字号、颜色等属性，如图 11-92 所示。

图11-91 编辑图片

图11-92 编辑模块中的文字

第9步：详情页模板制作好后，单击右上角的"发布"按钮，可以预览效果，如图 11-93 所示。

图11-93 单击"发布"按钮

设计无忧 电商美工Photoshop实战技术

11.6.2 自定义详情页模板

自定义详情页模板也就是空白模板，可以在这空白的画布上自由设计、排版、编辑，通过图文的自由组合，制作出详情页，真正做到和 Photoshop 一样使用自如，但比 Photoshop 更简单易用。

具体操作步骤如下：

第1步：输入网址"xiangqing.taobao.com"进入淘宝神笔，将光标置于右上角的"操作中心"上，在打开的列表中单击"模板管理"，如图 11-94 所示。

图11-94 单击"模板管理"

第2步：在打开的页面中单击"自定义模板"链接，如图 11-95 所示。

图11-95 单击"自定义模板"链接

第3步：经过上面的操作，进入自定义模板操作页面，如图 11-96 所示。

图11-96 进入自定义模板操作页面

高手秘笈

技巧1：在详情页中添加视频

详情页视频支持多种格式，包括 mp4、mpeg、mpg、mkv、rm、rmvb、3gp、wav、wma、amr、mov 和 ts 等。在详情页中添加视频的具体操作方法如下：

第1步：进入出售中的宝贝页面，单击"选择视频"按钮，如图 11-97 所示。

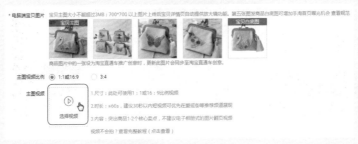

图11-97　单击"选择视频"按钮

第2步：在打开的页面的右上方单击"上传视频"按钮，如图 11-98 所示。

图11-98　单击"上传视频"按钮

第3步：在打开的页面中单击"上传"按钮，如图 11-99 所示。在打开的"打开"对话框中选择要上传的视频，单击"打开"按钮，如图 11-100 所示。

图11-99　单击"上传"按钮

图11-100　选择要上传的视频

第4步：选中要插入的视频，单击"确认"按钮，如图 11-101 所示。在打开的页面的右上角单击"完成"按钮，如图 11-102 所示。

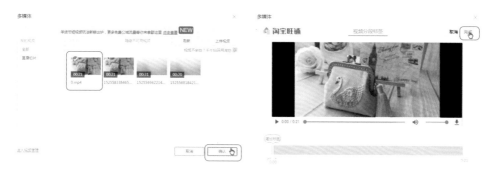

图11-101　选中要插入的视频　　　　　　　　图11-102　单击"完成"按钮

第5步：单击页面中的"提交商品信息"按钮，即可完成详情页的视频添加，如图 11-103 所示。

图11-103　单击"提交宝贝信息"按钮

展示详情页关联广告位的具体操作步骤如下：

第 1 步：进入出售中的宝贝页面，单击"电脑端描述"中的"图像"按钮，如图 11-104 所示。

图11-104　单击"图像"按钮

第 2 步：单击"上传图片"按钮，如图 11-105 所示。在打开的页面中单击"上传"按钮，如图 11-106 所示。

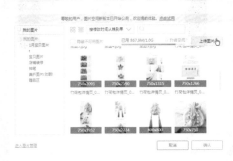

图11-105　单击"上传图片"按钮　　　　　图11-106　单击"上传"按钮

第 3 步：在"打开"对话框中选择要上传的广告图片，单击"打开"按钮，如图 11-107 所示。选中上传的广告图片，单击"确认"按钮，如图 11-108 所示。

图11-107　选择要上传的广告图片　　　　　图11-108　单击"确认"按钮

第4步：如果关联广告图是宝贝推广banner，可以添加这个宝贝的链接地址。用鼠标双击详情页里上传的图片，单击"链接"按钮，将事先准备好的广告链接复制粘贴上去，单击"确定"按钮，如图11-109所示。

图11-109　单击"确定"按钮

第5步：完成后单击页面下方的"提交商品信息"按钮即可，如图11-110所示。

图11-110　单击"提交宝贝信息"按钮

第12章

网店首页装修

本章导读 ◎

　　店铺首页是店铺中重要的装修区域之一，能够影响到整个店铺的销售额。因此在进行店铺首页设计装修时，要注意整体的协调性，在设计制作过程中，首页的设计需要从颜色搭配、字体设计、版面布局以及消费者的角度出发，尽量满足消费者的需求，这样才有利于提高网店的转化率。

知识要点 ◎

- 店铺装修基础
- 店招装修
- 制作淘宝导航系统
- 切片并上传商品陈列
- 制作图片轮播效果
- 制作全屏海报效果

12.1 **店铺装修基础**

网店首页是绝大部分访客浏览网店的起点，因此店铺首页的设计是提高点击率最重要的因素。在装修店铺首页前，需要先选择好合适的旺铺版本，熟悉店铺的基础装修流程，才能进行店铺装修的后台操作。

12.1.1 选择合适的旺铺版本

淘宝旺铺版本分为两种，一种是免费的旺铺基础版，另一种是收费的旺铺专业版。卖家店铺的信誉在 1 钻以下，可以免费使用旺铺专业版，店铺信誉在 1 钻以上，需要付费订购才能继续使用。

1. 对比旺铺基础版和专业版装修功能

旺铺基础版和专业版的功能因版本不同而不同。专业版的旺铺不仅能使全屏展示店铺效果，还能使用通栏进行布局；而基础版的旺铺只能使用最基本的店铺装修功能，两个版本的装修功能对比如图 12-1 所示。

	页面背景（新）	页面背景	店铺自定义装修（新）	页尾自定义	列表页面模板数（新）	预置 SDK 免费模板数（新）
专业版	✓	✓	✓	✓	15	3
基础版			✓		1	
	首页可添加模板数	列表页可添加模板数	详情页可添加模板数	自定义页可添加模板数	默认配色套数	系统自动备份
专业版	40	15	15	40	24	✓
基础版	40	15	15	40	5	✓
	详情页宝贝描述模板数	可添加自定义页面数	页面布局管理	布局结构（首页）	自定义备份	预置 SDK 免费试用模板数
专业版	25	50	✓	通栏/两栏/三栏	20	10
基础版	3	6	✓	两栏/结构	10	

图12-1　基础版和专业版装修功能对比

2. 旺铺基础版和专业版功能模块对比

旺铺基础版和专业版除了在店铺装修上不同，它们在功能模板上也是不同的，如图 12-2 所示。

	悬浮旺旺（新）	宝贝分类管理（新）	店招导航（新）	宝贝推荐（新）	宝贝图片尺寸显示（新）	关联设置（新）
专业版	✓	✓	✓	✓	310/250/240/230/180/130px	✓
基础版		✓	✓	✓	310/250/240/230/180/130px	✓
	页面链接（新）	宝贝排行榜	图片轮播	客服中心	二级域名	列表页属性精选
专业版	✓	✓	✓	✓	✓	
基础版	✓	✓	✓	✓		✓
	店铺动态（新）	搜索（新）	手机版店铺	分享组件（新）	支持旺铺 CSS	店铺
专业版	✓	✓	✓	✓	✓	✓
基础版	✓	✓	✓	✓		
专业版	应用中心	协作	营销中心	装修分析	支持 JS 模板	
基础版	✓	✓	✓	✓	✓	

图12-2　旺铺基础版和专业版功能模块对比

经过比较，可以看出旺铺基础版只能满足店铺的基本装修需求，如果对店铺视觉效果有较高的要求，例如使用通栏店招、全屏海报、商品特殊的动态效果等，都需要旺铺专业版的支持。

12.1.2　熟悉店铺基础装修流程

店铺装修有一系列的装修流程：选择店铺模板→设置整体配色方案→设置首页布局，添加自定义模块→自定义二级页面→详情页搜索结果页装修等。

1. 选择店铺模板

其实，店铺的装修是很简单的，因为淘宝提供了免费的装修模板，通常只需选择适合自己店铺风格的模板即可，如果觉得淘宝提供的免费模板不适合，还可以购买第三方提供的海量模板，总有一款能适合你店铺风格的，通常不需要自己去设计。店铺模板主要在"店铺模板管理"页面中进行选择，如图 12-3 所示。

2. 设置整体配色方案

选择好合适的装修模板后，接下来应该设置店铺的整体色调，也就是给店铺进行配色。在店铺装修页面中单击左侧栏的"配色"选项，在展开的窗口中一共包含 24 种整体配色方案，用户只需要单击其中一个配色方案，店铺的整体配色就设置好了，如图 12-4 所示。

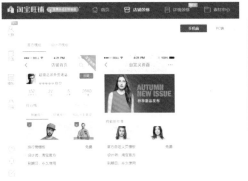

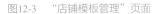

图12-3 "店铺模板管理"页面

图12-4 设置整体配色

3. 设置首页布局

页面布局就是店铺的框架结构，模块好比是砖，有了框架才能砌砖，店铺模块是建立在布局单元上的，设置完整体的配色方案之后，接下来就设置首页的基本布局。

（1）进入"布局管理"页面：单击在装修页面中的"布局管理"按钮，进入布局管理页面，如图 12-5 所示。

图12-5 "布局管理"页面

（2）删除模块：在布局管理页面中，将鼠标指针移动到"搜索店内商品"的模块上，然后单击模块上的删除符号""即可删除该模块，如图 12-6 所示。

图12-6 删除模块

（3）调整模块：将鼠标指针放到模块上的"➕"移动图标，然后按住鼠标左键，拖曳鼠标就可以上下拖动该模块调整顺序，如图 12-7 所示。

图12-7　调整模块

（4）添加布局单元：单击页面中的"添加布局单元"按钮，在弹出的"布局管理"对话框中选择相应的布局样式，即可新建一个"950"或"190+750"布局，如图 12-8 所示。

图12-8　"布局管理"对话框

4. 添加自定义模块

在给店铺添加完布局后，就可以在该布局单元上添加自定义模块。添加自定义模块的方法很简单，在"布局管理"页面中，把鼠标指针移动到左侧的基础模块区域中，单击鼠标选择需要添加的"自定义模块"，然后将其拖曳到页面布局中即可，如图 12-9 所示。

图12-9　添加自定义模块

5. 装修商品详情页

在店铺装修后台，系统提供了一键为所有的商品详情页面添加相同的图片或商品推荐的功能，可大大提高店铺装修的工作效率。值得注意的是，商品详情页模板的编辑页面，只能统一修改商品本身详情内容以外的模板内容，并不能修改商品本身的详情内容，如需要修改商品本身的详情内容，需要在"出售中宝贝"中进行修改。

装修商品详情页的方法很简单，用户只要进入"店铺装修"页面，单击"首页"选项，在弹出的下拉菜单栏中单击商品详情页栏中的"默认宝贝详情页"项，将进入"默认宝贝详情页"页面，在该页面中可以对商品的推荐位置、基础信息等进行设置，如图12-10所示。

图12-10　"默认宝贝详情页"页面

6. 装修店铺尾页

进入"店铺装修"页面，在装修页面的最底部可以看到"以下为页尾区域"，将鼠标指针移动到左侧的"自定义区"模块上，按住鼠标左键将"自定义区"模块拖曳到页尾区域的位置，然后释放鼠标即可，如图12-11所示。

图12-11　装修店铺页尾

7. 店铺备份与还原

淘宝店铺设计好模板后应该最先想到的是如何备份店铺模板，以便下次进行还原。因为卖家会经常更换自己店铺的装修风格。如果我们要回到以前的风格，重新装修，就可以直接将备份的店铺模板进行还原即可，这样减少了很多烦琐的装修工作，提高装修效率。

进入店铺装修后台，装修好店铺之后，单击装修页面右上角的"备份"按钮，在弹出的"备份与还原"对话框中选择"备份"选项，备份需要写上"备份名"（最多 10 个汉字或字符），单击"确定"按钮即可完成备份，如图 12-12 所示，如果需要进行还原，单击"还原"选项，选择要还原的备份文件，单击"应用备份"按钮即可。

图12-12　"备份与还原"对话框

12.1.3　店铺装修后台操作

店铺装修中的后台操作包含上传图片、管理图片、发布宝贝和查看店铺信息等，下面逐一进行讲解。

1. 上传图片到淘宝图片空间

商品图片处理好后，需要将图片上传到淘宝后台的图片空间里，才能在店铺装修和发布商品商品时使用。

上传图片到淘宝图片空间的方法很简单，在"店铺管理"列表框中选择"图片空间"选项，进入图片空间，单击"上传"按钮，如图 12-13 所示。

图12-13　图片空间

打开"上传图片"对话框，如图 12-14 所示，单击"上传"文字超链接，在弹出的"选择要上传的文件"对话框中，选择需要上传的图片，单击"打开"按钮，即可开始上传图片，稍后完成图片的上传操作。

图12-14　"上传图片"对话框

2. 管理商品图片

在上传好图片文件后，为了更好地排列图片空间中的图片，可以对商品图片进行管理操作。

（1）重命名图片：将图片重新命名，以方便后期查找。在图片空间中，选择需要重命名的图片，单击"编辑"文本超链接，打开"编辑图片"对话框，在"图片名称"文本框中输入新名称，然后单击"保存"按钮即可，如图 12-15 所示。

图12-15　"编辑图片"对话框

（2）移动图片：在完成图片重命名后，可以将图片移动到相应的文件夹。在图片空间中，选择需要移动的图片，单击"更多"文本超链接，展开列表框，单击"移动到"文本超链接，此时，将弹出"移动到"对话框，选择需要目标文件夹，单击"确定"按钮，即可完成图片的移动，如图 12-16 所示。

图12-16　"移动到"对话框

（3）还原图片：图片空间新推出的回收站功能，可以还原七天之内删除的图片，七天后回收站的图片将自动永久删除。在图片空间中，单击"图片回收站"文本超链接，此时，将跳转至回收站页面，选择需要还原的图片，单击"还原"按钮，即可还原该图片，如图 12-17 所示。

图12-17　"图片回收站"页面

3. 发布商品

发布商品的方法很简单，进入卖家后台，单击页面左侧"商品管理"选项下的"发布商品"文本超链接，在弹出的新窗口中，根据店铺所销售的商品类型，选择对应的类目，并单击"下一步，发布商品"按钮，如图 12-18 所示。

图12-18　选择商品类目

此时页面将跳转至商品编辑页面，在"基础信息"区域中，如图 12-19 所示，将商品基本信息填写好，然后添加商品图片，设置好物流和售后服务等信息，单击"提交商品信息"按钮，系统将自动跳转到"发布成功"提示页面，即商品发布成功。

图12-19　填写商品信息

4. 查看店铺相关信息

在装修好网店店铺后，可以查看店铺商品、店铺信用、店铺评价和店铺售后等信息。

（1）查看店铺信用：进入卖家后台，在页面的右上角单击"卖家地图"文本超链接，在展开的列表框中，单击"掌柜信用"文本超链接，如图 12-20 所示。

图12-20　"卖家地图"列表框

进入"掌柜信用"页面，在页面中查看店铺的信用信息，如图 12-21 所示。

图12-21　"掌柜信用"页面

（2）查看店铺：进入卖家后台，在页面的右上角单击"卖家地图"文本超链接，在展开的列表框中的"店铺管理"选项区中，单击"查看我的店铺"文本超链接，将进入我的店铺首页，查看店铺，如图 12-22 所示。

图12-22　查看店铺

（3）查看评价信息：进入卖家后台，在页面的右上角单击"卖家地图"文本超链接，在展开的列表框中，单击"评价管理"文本超链接，将进入"评价管理"页面，查看评价管理信息，如图 12-23 所示。

图12-23　"评价管理"页面

12.2　店招装修

网店的店招就是用来展示店铺名称和品牌形象的，店招的装修既要突出店铺的经营风格，又要提高店铺的美观度，还要考虑店招对店铺的推广作用。

12.2.1 上传店招图片

将制作好的店招图片上传到图片空间的具体操作步骤如下：

第1步：进入图片空间页面，然后单击"新建文件夹"按钮，如图12-24所示。

图12-24 单击"新建文件夹"按钮

第2步：打开"新建文件夹"对话框，修改"分组名称"为"电脑端装修图片"，单击"确定"按钮，如图12-25所示，完成文件夹的信件操作。

图12-25 "新建文件夹"对话框

第3步：进入创建的"电脑端装修图片"文件夹内，单击"上传"按钮，如图12-26所示。

图12-26 单击"上传"按钮

第 4 步：在弹出的"上传图片"窗口中单击"上传"按钮，如图 12-27 所示。

图12-27　单击"上传"按钮

第 5 步：打开"打开"对话框，选择需要上传的图片文件，单击"打开"按钮，如图 12-28 所示。

图12-28　选择上传图片

第 6 步：打开"上传结果"对话框，完成图片的上传操作，单击"确定"按钮，如图 12-29 所示。

图12-29　"上传结果"对话框

第 7 步：在图片空间中可以查看上传的店招图片，如图 12-30 所示。

图12-30　查看上传的店招图片

12.2.2　上传店招背景

在上传好店招图片后，通过"页头"功能可以为店招添加背景效果，具体的操作步骤如下：

第 1 步：单击左侧中的页头选项，在展开的"页头"面板中，设置"页头背景色"为"不显示"，"页头下边距 10 像素："为"关闭"，单击"页头背景图"下面的"更换图片"选项，如图 12-31 所示。

图12-31　设置页头相关参数

第 2 步：在弹出的"打开"对话框中，找到之前保存的店招背景，然后单击"打开"按钮，如图 12-32 所示。

图12-32 "打开"对话框

第3步：接着设置背景显示为"不平铺"，背景对齐为"居中"，最后单击"应用到所有页面"选项，页头店招部分就装修完成，如图12-33所示。

图12-33 设置页头背景

 12.3 制作淘宝导航系统

给店招添加导航系统的具体操作步骤如下：

第1步：将鼠标指针移动到店招下方的导航模块，单击"编辑"按钮，如图12-34所示。

第2步：在弹出的"导航"对话框中，切换至"导航设置"选项卡，单击右下方的"+添加"按钮，如图12-35所示。

图12-34　单击"编辑"按钮

第3步：在弹出的"添加导航内容"对话框中，有"商品分类""页面""自定义链接"三个选项卡，切换至"商品分类"选项卡，勾选相应的分类，单击"确定"按钮，系统将自动关闭当前对话框，如图 12-36 所示。

第4步：在"导航"对话框设置好相应的分类后，单击"确定"按钮，即可完成导航设置，如图 12-37 所示。

图12-35　"导航设置"选项卡　图12-36　"添加导航内容"对话框　图12-37　"导航"对话框

提示 店铺导航区最多可设置 12 项一级内容，超过页面尺寸宽度部分将不会展现（建议不超过 7 项），商品分类需要先在后台添加分类后才会显示在"添加导航内容"对话框中。

 12.4　切片并上传商品陈列

在网店装修中，经常需要使用 Photoshop 对商品陈列图片进行切片操作，然后将切片图片上传到图片空间，具体的操作步骤如下：

第1步：按 Ctrl+O 组合键，打开素材包\素材文件\第 12 章\"商品陈列.psd"图像文件，如图 12-38 所示。

第 2 步：按 Ctrl+R 组合键，在工作界面中显示标尺，如图 12-39 所示。

图12-38　打开图像文件　　　　　　　　　图12-39　显示标尺

第 3 步：执行"视图"|"新建参考线"命令，弹出"新建参考线"对话框，保持默认参数设置，如图 12-40 所示。

第 4 步：单击"确定"按钮，即可在图片的最左侧新建一条垂直参考线，并查看图像效果如图 12-41 所示。

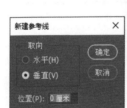

图12-40　"新建参考线"对话框　　　　　　图12-41　新建垂直参考线

第 5 步：使用同样的方法，依次在 12 厘米、23.5 厘米和 35 厘米位置处，新建 3 条垂直参考线，如图 12-42 所示。

第 6 步：使用同样的方法，依次在 0 厘米、17 厘米和 35 厘米位置处，新建 3 条水平参考线，如图 12-43 所示。

第 7 步：单击工具箱中的"切片工具"按钮，如图 12-44 所示。

第 8 步：在工具选项栏中，单击"基于参考线的切片"按钮，如图 12-45 所示。

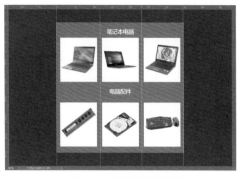

图12-42 新建垂直参考线

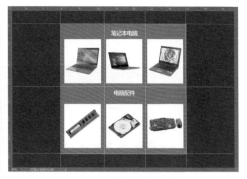

图12-43 新建水平参考线

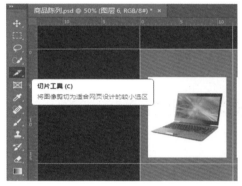

图12-44 单击"切片工具"按钮

图12-45 单击"基于参考线的切片"按钮

第9步：图像被切割成多个小块，并在切片后的图块上显示多个蓝色的框，每个框的左上角都标记了数字和图标，这表示每个框所在的区域为一个切片，如图12-46所示。

第10步：执行"文件"|"导出"|"存储为Web所用格式（旧版）…"命令，如图12-47所示。

图12-46 切片图片

图12-47 执行命令

第11步：打开"存储为Web所用格式"对话框，修改预设格式为JPEG，单击"存储"按钮，如图12-48所示。

第 12 步：打开"将优化结果存储为"对话框，修改存储路径和文件名，单击"保存"按钮，如图 12-49 所示，完成切片图片的保存操作。

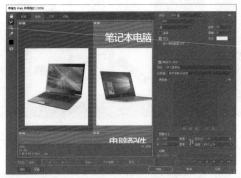 

图12-48　"存储为Web所用格式"对话框　　　图12-49　"将优化结果存储为"对话框

第 13 步：进入图片空间，新建"商品陈列"文件夹，然后单击"上传"按钮，如图 12-50 所示。

图12-50　单击"上传"按钮

第 14 步：在弹出的"上传图片"页面中单击"上传"按钮，打开"打开"对话框，选择需要上传的图片文件，单击"打开"按钮，如图 12-51 所示。

图12-51　选择上传图片

第 15 步：打开"上传图片"对话框，完成图片的上传操作，单击"确定"按钮，如图 12-52 所示。

图12-52 "上传结果"对话框

第 16 步：在图片空间中可以查看上传的商品陈列图片，如图 12-53 所示。

图12-53 查看上传的商品陈列图片

12.5 制作图片轮播效果

图片轮播就是在同一区域中允许多张图片以不同的切换方式进行展示播放，具体操作步骤如下：

第 1 步：进入店铺装修后台，在"页面编辑"页面中，选择左栏"基础模块"中的"图片轮播"模块，如图 12-54 所示。

第 2 步：按住鼠标左键的同时将"图片轮播"模块拖曳到淘宝页面右侧中"商品推荐"模块的上方，如图 12-55 所示。

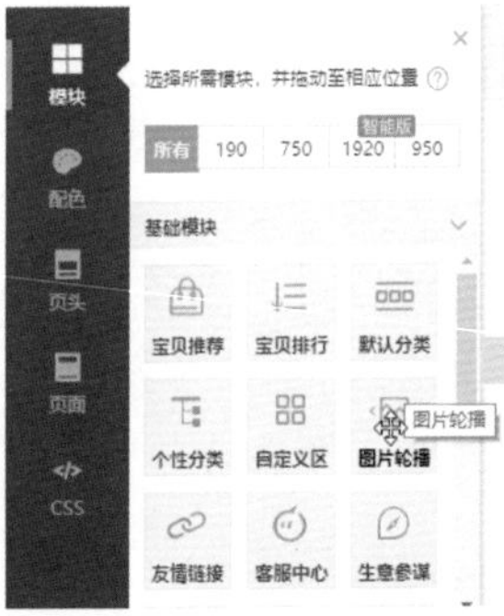

图12-54 选择"图片轮播"模块 　　　　图12-55 添加"图片轮播"模块

第3步：此时淘宝页面右栏中已添加了一个"图片轮播"模块，单击该模块中的"编辑"按钮，如图12-56所示。

图12-56 卖家后台

第4步：在弹出的"图片轮播"对话框中，单击图片地址文本框右侧的"插入图片"按钮，在"从图片空间选择"中找到需要的图片，单击该图片即可完成添加操作，如图12-57所示。

图12-57 添加图片

第5步：单击"添加"按钮，即可新建一个促销图片编辑项，如图12-58所示。

第 6 步：插入第二张促销图片，并分别为两张促销图片添加超链接，如图 12-59 所示。

图12-58　添加图片编辑项　　　　　　　图12-59　插入图片及超链接

第 7 步：切换到"显示设置"选项卡，设置"显示标题"为不显示，"模块高度"为
467 像素，"切换效果"为"渐变滚动"，单击"保存"按钮，完成图片轮播模块的编辑，
如图 12-60 所示。

第 8 步：单击页面右侧的"发布站点"按钮，根据操作提示即可完成"图片轮播"模
块的发布，如图 12-61 所示。

图12-60　设置显示设置　　　　　　图12-61　发布"图片轮播"模块

提示　在装修全屏轮播图效果时，还可以通过 Dreamweaver 软件制作出全屏轮播图的代码，
然后将代码复制粘贴至"自定义区"模块中即可。

12.6　制作全屏海报效果

淘宝企业店中的海报系统默认尺寸只有 950 像素，如果需要做成全屏的海报，必须要
用到全屏的代码，具体操作步骤如下：

第 1 步：进入"店铺装修"页面，选择"模块"选项，在展开的面板中选择"自定义区"
模块，如图 12-62 所示。

图12-62　选择"自定义区"模块

第2步：按住鼠标左键并拖曳，将选择模块拖曳到右侧页面中，释放鼠标，即可添加自定义区，在自定义区中单击"编辑"按钮，如图12-63所示。

图12-63　添加"自定义区"模块

第3步：打开"自定义内容区"对话框，点选"不显示"单选按钮，勾选"编辑源代码"复选框，在文本框中输入代码，单击"确定"按钮，如图12-64所示。

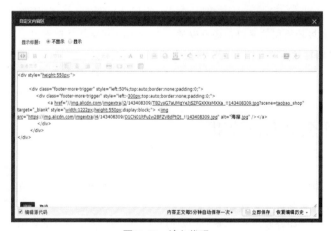

图12-64　输入代码

提示　这里的全屏代码可以从网上下载复制到编辑窗口中，天猫店（淘宝企业店）和淘宝C店的代码有所不同。

第4步：即可完成海报图的添加，单击"预览"按钮，即可预览添加全屏海报图效果，如图 12-65 所示。

图12-65　预览海报装修效果

高手秘笈

技巧 1：淘宝首页装修设计的注意事项

淘宝首页框架模块装修是淘宝店铺首页装修的核心内容，店铺首页的装修效果直接影响店铺的转化率。因此，我们可以从装修店铺首页框架模块来提高首页装修的效果，吸引顾客的眼球，提高店铺的收藏和加购率。

1. 设计让人过目不忘的 LOGO

网店的 LOGO 设计，首先要大方简洁，让人一眼就能记住；其次，设计要有特色、有个性，如果没有特色，买家进入店铺，也难以记住。

2. 设计方便买家的导航栏

网店首页的导航栏是为买家提供深层次访问店铺的快速通道，店铺导航栏的设置必须是店铺商品最精准的描述，以避免类目重叠或错乱。

3. 合理设置搜索

在首页合理设置搜索，方便买家随心所欲寻找自己想要的商品：特别是店铺的商品很多时，便可以通过搜索快速找到买家需要商品。

4. 设计图文并茂的主打商品展示图

每个店铺都有自己的主打商品，并且都会在首页展示商品大图。因此，设计商品大图不要过于繁杂，文案信息应该言简意赅，通过创意的版式设计来展示商品的亮点。

5.不可缺少的温馨提示

很多时候，一些店铺只专注于展示自己的商品，而忽略了对买家的温馨提示和帮助。而首页的温馨提示和帮助，恰恰是体现了店铺对卖家的关心和帮助，增加了卖家的存在感。

技巧2：巧妙去除模块间隙

很多卖家在淘宝店铺装修时可能会遇到这样一个问题，就是如何去掉两个自定义模块之间的间隙？

淘宝、天猫店铺模块间隙是20像素，只要掌握一点简单代码就可以解决这个问题。目前消除模块间隙只能限于两个自定义的模块，如果是官方的"图片轮播""搜索店内商品""商品推荐"等模块就无法与其相邻的另外一个模块消除20像素的间隙。

一般情况下，我们使用如下全屏代码在两个自定义模块之间装修，注意红色部分的"top：0px；"值，发布后，都会有20像素的间隙。我们使用如下代码便可消除店铺自定义模块之间的间隙：

```
<div style="height: 图片高度px; ">
<div class="most-footer footer-more-trigger" style="left:
auto; right: auto; width: 950px; height:  图片高度px; top: auto;
padding: 0; border: none; z-index: 1; background: none; ">
<div class="most-footer footer-more-trigger" style="left: -485px;
top: -20px; width: 1920px; height:  图 片 高 度px; border: none;
padding: 0; background: none; ">
<img src="图片地址" width="图片宽度" height="图片高度"
border="0" />
</div></div></div>
```

提示 模块之间间隙是10像素，两个模块间隙就是20像素，因此在修改代码中的top：0px值时，要根据实际情况而定，有的是-10像素，有的是-20像素。

设计无忧 电商美工Photoshop实战技术

第13章

手机淘宝装修设计

本章导读

　　随着移动电商时代的快速发展，越来越多的人喜欢用手机上网购物。日渐成熟的淘宝 PC 端平台也开始逐渐转向手机无线端发展，这也是未来网上购物的流行趋势。因此，要想在手机店铺上抢占更多流量，同样需要做好手机网店店铺的装修设计。本章将介绍手机店铺的装修与设计，引导大家快速掌握手机端店铺装修的操作。

知识要点

- 手机端店铺装修基础知识
- 手机端店铺店招装修
- 在手机端店铺添加优惠券
- 手机端店铺首页产品展示
- 手机淘宝自定义页面装修设置
- 手机淘宝自定义菜单设置
- 手机淘宝详情页关联设置
- 手机淘宝互动窗口设置

13.1 手机端店铺装修基础

手机端店铺是使用随身携带的手机设备经营的网店店铺，与 PC 端店铺相比最大的好处就是方便。在装修手机端店铺之前，了解手机端店铺的装修基础知识很有必要。

13.1.1 手机端店铺与PC端装修的区别

如果手机端装修是直接复制淘宝 PC 端店铺装修页面，则会导致手机页面打开缓慢，影响用户体验。

手机端店铺装修与 PC 端店铺装修的内容和流程大同小异，手机端淘宝装修的规格更小、篇幅短小精湛，操作方便。PC 端淘宝页面则更加灵活，自我设计的空间更大，更个性化。手机端装修与 PC 端装修方面主要区别如下：

- 尺寸不同。手机端店招图片大小规格是 642 像素 ×200 像素；详情页图片尺寸宽度为 480 像素～ 620 像素，高度小于 960 像素。
- 布局不同。手机端店铺更加符合大众的需求，要做到快速预览、快速阅读、操作方便。让买家利用碎片化时间消费，布局就要简洁、明了，摒弃不必要的装饰。
- 分类结构不同。手机端淘宝的分类结构清晰，简洁而精致，主要是以图片来体现商品，吸引客户。
- 颜色不同。手机端浏览器的面积相对小，视觉范围有限，多以鲜亮的颜色为主。而 PC 端则对颜色没有过多限制，只要颜色适合自己店铺的风格即可。
- 详情页不同。手机端店铺的详情页通常使用简洁的文字、适当的图片信息进行阐述。

13.1.2 店铺手机端装修要点

手机网购大多注重网店的视觉效果与操作的方便性，为了给客户一种舒畅的购物体验，需要对手机装修有更高的要求。下面介绍手机端店铺的装修要点：

1. 总体规划

目标要明确，内容要简洁，具体要求如下：

- 手机端店铺的界面有限，需要精简内容，只展示重点内容即可。
- 在装修手机端店铺时，不能直接将 PC 端的装修内容搬到手机端，避免出现图片模糊的情况，从而影响浏览效果。
- 在装修手机端店铺时，使用的色彩不宜过多，这样既可以确保店铺整体风格的统一，避免视觉疲劳，同时也起到了降低页面整体大小效果，加速了页面的打开速度进一步提升买家体验度。
- 由于手机端店铺的页面有限，需要将店里主推商品放到重要的位置。
- 手机端店铺中滚动屏幕的设置要适宜，最好控制在 3 屏之内。过多的滚屏会干扰买家的浏览，影响购物体验。

2. 首页装修

- 店标颜色要鲜亮，主题要简明，吸引客户眼球。
- 店名不宜过长，因为手机端店铺的尺寸小，店名过长会显示不全而影响店铺形象。
- 商品模块最多支持 6 个商品数量。
- 店铺首焦既可以做店铺活动，也可以用来展现一些畅销品或者新品。

3. 图片要求

- 图片不要太大，受手机端店铺的面积空间的限制，要采用体积小的图片，且不能含有太多色彩，尽量使用一些纯色或者浅色的图片来做背景，才能更好地衬托商品。

> **提示** 图片尺寸要符合要求，图片的容量在尽量确保图片清晰的前提之下，可压缩到最小容量，确保页面可以顺利打开不要影响到浏览者体验的舒适感。

- 图片颜色不要太暗淡，建议尽量调高图片的亮度和纯度，以确保浏览者可以在各种条件下（省电模式、光线过强等）清晰地看到店铺的页面和商品。

13.1.3　选择手机端店铺装修模板

手机端店铺装修模板可以进行购买与使用，购买单个模板后，商家可自由选用该模板内所有设计模块，进行位置调整、模块增删等自定义操作，才能充分发挥装修的能动性。

选择手机端店铺模板的方法很简单，进入手机端店铺的首页装修后台，在装修页面左侧选项栏中单击"模板"选项，进入模板页面，单击"模板市场"按钮，进入"装修模板"页面，选择合适的模板进行装修即可，如图 13-1 所示。

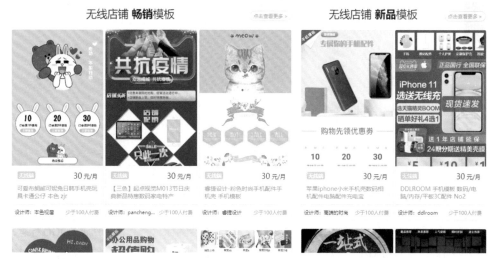

图13-1　"手机装修模板"页面

13.2 手机端店铺店招装修

手机端的店招包含店铺名称、**LOGO** 和图片三个部分，为了提高店铺的吸引力，增强宣传效果，可以装修个性化的店招来展示自己店铺的风格、口号。

13.2.1 手机端店铺名称设置

手机端店铺名称设置的具体操作如下：

第 1 步：进入无线运营中心，打开手机端店铺首页装修后台，单击"店招"模块，在"店铺首页"页面右侧展开的"模块编辑"中可以看到"旧版店招"和"新版店招"两个选项，单击"新版店招"选项，在店铺基本信息中单击店铺名称后面的"修改"标签，如图 13-2 所示。

第 2 步：在打开的"店铺基本设置"页面中，在"基础信息"栏的"店铺名称"输入框中输入店铺名称，单击页面下方的"保存"按钮，如图 13-3 所示。

图13-2 单击"修改"标签

图13-3 设置店铺名称

13.2.2 手机端店铺LOGO设置

手机端店铺 LOGO 设置的具体步骤如下：

第 1 步：进入无线运营中心，打开手机端店铺首页装修后台，单击"店招"模块。在右侧展开的"模块编辑"中可以看到"旧版店招"和"新版店招"，单击"新版店招"选项，在店铺基本信息中单击店铺 LOGO 后面的"更改 logog"标签，如图 13-4 所示。

第 2 步：在打开的"店铺基本设置"页面中，单击"上传图标"按钮，上传店铺 LOGO 标志，图片文件格式支持 GIF、JPG、JPEG、PNG，文件大小在 80KB 以内，建议尺寸 80 像素 ×80 像素，单击页面下方的"保存"按钮，如图 13-5 所示。

图13-4　单击"更改logo"标签　　　　图13-5　上传店铺LOGO标志

13.3　在手机端店铺添加优惠券

　　网店店铺常用的促销优惠方式就是店铺优惠券。在手机端店铺中添加优惠券的方式有"自动添加"和"手动添加"两种，下面将详细介绍其具体操作方法。

13.3.1　自动添加优惠券

　　在手机店铺装修中，自动添加优惠券的具体操作步骤如下：

　　第1步：进入无线运营中心，打开手机端店铺首页装修后台，在左侧的"营销互动类"模块下选择"优惠券模块"，将其拖曳到中间的装修页面，如图13-6所示。

　　第2步：在右侧的优惠券模块中选择"自动添加"复选框，系统自动抓取店铺已创建的优惠券，按照面额由小到大排列，最多展示6个优惠券，单击"确定"按钮，自动添加优惠券就装修完成了，如图13-7所示。

图13-6　将"优惠券模块"拖曳到装修页面　　　图13-7　自动添加优惠券

13.3.2　手动添加优惠券

在手机店铺装修中，手动添加优惠券的具体
操作步骤如下：

第 1 步：进入无线运营中心，打开手机端店
铺首页装修后台，在左侧的"营销互动类"模块
下选择"优惠券模块"，将其拖曳到中间的装修
页面，如图 13-8 所示。

第 2 步：在右侧的优惠券模块中选择"手动
添加"复选框，设置展示个数 1 ～ 6 个，如图 13-9
所示。

第 3 步：选择优惠券面额，如图 13-10 所示。

图13-8　将"优惠券模块"拖曳到装修页面

图13-9　设置展示个数

图13-10　选择优惠券面额

> **提示**　优惠券展示样式有默认样式和自定义两种，默认样式是由系统自带的一种样式，自
> 定义样式为可自由设计样式。

第 4 步：选择"自定义"选项，单击"+"
图标，如图 13-11 所示。

第 5 步：在弹出的"图片小工具"中选择
上传好的优惠券图片，宽度为 256 像素，高度
为 152 像素，类型为 JPG、PNG，如图 13-12 所示。

第 6 步：单击"确定"按钮，这样手动添
加优惠券就设置完成了，如图 13-13 所示。

图13-11　选择优惠券展示样式

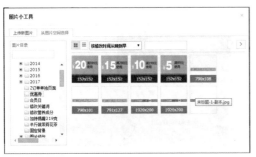

图13-12　选择上传好的优惠券图片

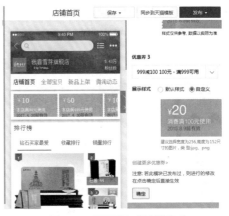

图13-13　手动添加优惠券完成

13.4　手机端首页商品展示装修

手机端首页商品展示是展示店铺商品的主要区域，很多卖家都会花很多的精力去装修商品展示，提高店铺的转化率。下面将分别介绍自动商品展示装修设置和自定义商品展示装修设置的操作步骤。

13.4.1　自动商品展示装修设置

手机端店铺自动商品展示可以通过"宝贝"类模块下提供的"智能单列宝贝""智能双列宝贝""宝贝排行榜""搭配套餐模块""猜你喜欢"等多个模块来装修。下面将通过添加"智能双列宝贝"模块介绍自动商品展示装修设置的具体操作步骤：

第1步：进入无线运营中心，打开手机端店铺首页装修后台。在左侧的"宝贝类"模块下选择"智能双列宝贝"模块，将其拖曳到中间的装修页面，如图13-14所示。

第2步：如果购买了智能版旺铺，在右侧的"智能双列宝贝"模块中可以选择"智能模式"，或者选择"基本模式"，如图13-15所示。

第3步：在基本模式中有"自

图13-14　将"智能双列宝贝"模块拖曳到装修页面

动推荐"和"手动推荐"两种商品推荐类型，选择"自动推荐"，根据需要选择商品展示个数 1 ~ 6 个，如图 13-16 所示。

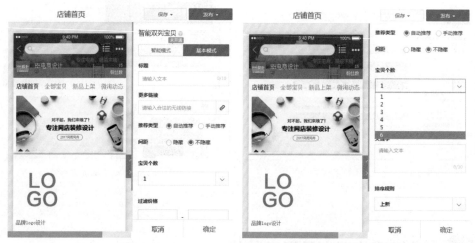

图13-15　选择模式　　　　　　　　　　　　图13-16　选择商品展示个数

第 4 步：设置过滤价格、关键词、排序规则及商品分类，如图 13-17 所示。

第 5 步：选择"手动推荐"，单击"+ 添加商品"按钮，如图 13-18 所示。

图13-17　设置过滤价格、关键词、排序规则及商品分类　　图13-18　单击"+添加商品"按钮

第 6 步：在弹出的"商品小工具"页面中选择需要添加的商品，最多可选择 6 个商品，单击"确认"按钮，如图 13-19 所示。

第 7 步：添加完商品之后，单击"确认"按钮。最后再单击页面右上角的"发布"按钮，这样自动商品展示装修设置就完成了，如图 13-20 所示。

| 图13-19 选择需要添加的商品 | 图13-20 发布"自动商品展示装修设置" |

13.4.2 自定义商品展示装修设置

自定义商品展示是通过添加图文类模块下的"自定义模块"来进行装修设置。自定义商品展示装修设置的操作步骤如下：

第1步：进入无线运营中心，打开手机端店铺首页装修后台，在左侧的"图文类"模块下选择"自定义模块"选项，将其拖曳到中间的装修页面，如图13-21所示。

第2步：根据图片的尺寸绘制单元区域，双击鼠标确认位置选择，如图13-22所示。

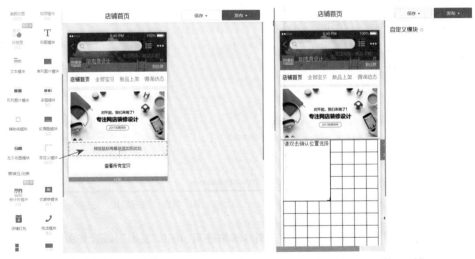

| 图13-21 将"自定义模块"选项拖曳到装修页面 | 图13-22 绘制单元区域 |

第3步：在右侧的"模块编辑"板块中单击图片栏下的"+"图标，如图13-23所示。

第4步：在弹出的"图片小工具"页面中选择上传的商品展示图片，单击"上传"按钮，如图 13-24 所示。

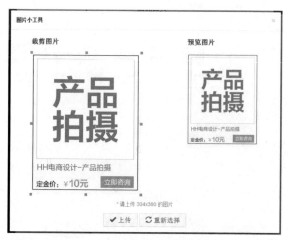

图13-23　单击图片栏下的"+"图标　　　　　图13-24　选择上传的商品展示图片

第5步：在"模块编辑"板块的"链接"栏中，单击输入框右边的小图标，或者通过复制粘贴输入商品无线链接，如图 13-25 所示。

第6步：在弹出的"链接小工具"页面中，在"商品链接"选项中勾选"选择链接"复选框，如图 13-26 所示。

图13-25　输入商品无线链接　　　　　　　　图13-26　勾选"选择链接"复选框

第7步：用同样的方式将其他的商品图片添加进来，单击"发布"按钮，如图13-27所示。这样自定义商品展示装修设置就完成了。

图13-27 发布"自定义商品展示装修设置"

13.5 手机淘宝自定义页面装修设置

在手机淘宝店铺中添加一个自定义页面,可以作为店铺品牌介绍、VIP 专区、活动专题页等区域使用。下面将介绍创建与装修手机端自定义页面的方法。

13.5.1 创建手机端自定义页面

创建手机端自定义页面的具体操作步骤如下:

第1步:进入无线运营中心,在左侧的"无线店铺"下选择"自定义页面",在打开的"页面管理"板块中单击"新建页面"按钮。在弹出的"请输入页面名称"对话框输入框中输入自定义页面的名称,单击"确定"按钮,如图 13-28 所示。

第2步:用同样的方法创建所需要的页面,如图 13-29 所示。

图13-28 输入自定义页面的名称　　　　　图13-29 创建自定义页面

第3步:创建好自定义页面之后,如果对页面进行编辑、修改标题、删除等操作。在"页面管理"板块中,在需要修改的页面名称后单击"修改标题"标签,在弹出的"请输入页面名称"对话框的输入框中修改自定义页面标题,单击"确定"按钮,如图 13-30 所示。

第 4 步:如果要删除某个自定义页面,则单击其后面的"删除"标签,在弹出的提示框中单击"确定"按钮即可删除,如图 13-31 所示。

图13-30 修改页面标题   图13-31 删除页面

13.5.2 装修手机端自定义页面

自定义页面的装修方式与手机端首页的装修方式是相同的,其唯一的区别在于自定义页面有一个活动头图,而活动头图的作用就是用来展示页面活动、主题信息的。

装修手机端自定义页面的方法很简单,其具体操作步骤如下:

第 1 步:在创建完自定义页面后,单击操作栏对应的"编辑"标签,进入自定义页面装修后台。

第 2 步:单击自定义页面活动头图模块区域,在右侧展开的模块编辑窗口里单击"＋"添加活动头图,还可添加活动头链接及内容,如图 13-32 所示。

第 3 步:然后根据需要将左侧相应的模块拖到装修页面中进行装修,装修完之后单击页面右上角的"发布"按钮即可。

图13-32 · 单击"＋"添加活动头图

13.6 手机淘宝自定义菜单设置

自定义菜单可以对手机店铺的菜单进行设置,可以添加常用的菜单或者自定义一些手机淘宝内的活动链接、店铺介绍、客服咨询、联系电话等。

13.6.1 创建自定义菜单

创建自定义菜单的具体操作步骤如下：

第1步：进入无线运营中心页面，在左侧栏中选择"自定义菜单"选项，进入"菜单管理"页面。在打开的"菜单管理"页面中单击"创建模板"按钮，如图13-33所示。

第2步：在页面中输入一个自定义菜单的模板名称，然后单击"下一步"按钮，如图13-34所示。

图13-33 创建模板　　　　　　　　　　　　　　　　图13-34 命名模板

第3步：在打开的编辑菜单里根据页面显示填写相应的操作，如果不需要二级子菜单就直接选择第2个选项，如果需要就选择第1个选项，如图13-35所示。

第4步：在商品分类中勾选"添加子菜单"复选项，单击"添加子菜单"。在弹出的"编辑菜单"页面中设置动作名称、子菜单名称，选择商品的分类，单击"确定"按钮，如图13-36所示。

图13-35 填写相应的操作　　　　　　　　　　　　　图13-36 设置动作

第5步：在店铺简介中选择"添加子菜单"复选项，单击"添加子菜单"，在弹出的"编辑菜单"对话框中设置动作名称为自定义页面、链接、电话、旺旺客服、组件插件等，填写子菜单名称，输入链接，单击"确定"按钮，如图13-37所示。

第6步：编辑完所有的自定义菜单，在右侧可以实时预览自定义菜单效果，确认无误之后单击"确认发布"按钮，如图13-38所示，在手机上打开店铺就可以查看到刚刚设置好的自定义菜单。

图13-37　设置动作　　　　　　　　　　图13-38　发布"创建好的自定义菜单"

13.6.2　管理自定义菜单

管理自定义菜单的具体操作步骤如下：

第1步：进入"无线运营中心"页面，在左侧栏中选择"自定义菜单"选项。进入"菜单管理"页面。

第2步：在打开的"菜单管理"页面中可以看到有多个自定义菜单模板，目前正在使用"菜单模板1"，用户可以对模板进行"编辑"或"删除"操作，如图13-39所示。

第3步：如需使用自定义"菜单模板2"，直接单击"菜单模板2"左上角的"上线"超链接。在弹出的"请您确认"提示对话框中单击"确认"按钮，如图13-40所示。

图13-39　"菜单管理"页面　　　　　　　图13-40　"请您确认"提示对话框

13.7　手机淘宝详情页关联设置

通过关联营销可以加深访问深度，提升店铺转化率，还可以提高店内商品的曝光率。因此，手机端店铺中的详情页关联的设置也是非常重要的。

设计无忧 电商美工Photoshop实战技术

13.7.1　详情页关联商品推荐设置

详情页关联商品推荐设置的具体操作步骤如下：

第1步：进入"无线运营中心"页面，在左侧栏无线店铺中选择"详情装修"选项。进入"淘宝神笔|无线详情装修"页面，在打开的页面右上角单击"模板管理"超链接，如图13-41所示。

图13-41　"无线详情装修"页面

第2步：进入"淘宝神笔"页面，在手淘自运营模块选择"商品推荐"模块，单击"添加"超链接，如图 13-42 所示。

图13-42　选择"宝贝推荐"模块

第3步：进入"编辑自运营模块"页面，选择"宝贝推荐"项，选择三个要推荐的商品置入详情头部或者底部，然后单击"下一步"按钮，如图 13-43 所示。

第4步：设置商品状态，类目范围。选择需要的商品，注意单次批量最多可同步 500 个商品，完成后单击"下一步"按钮，如图 13-44 所示。

图13-43 选择要推荐商品

图13-44 设置商品状态

第5步：进入"确认宝贝"页面，然后单击"同步"按钮，打开"同步进度"对话框，查看同步进度，同步成功之后再单击"关闭"按钮，关联商品推荐就设置完成了，如图13-45所示。

图13-45 关联商品推荐设置

13.7.2 详情优惠券设置

详情优惠券设置的具体操作步骤如下：

第1步：进入"淘宝神笔"页面，在手淘"自运营模块"选择"店铺优惠券"模块。单击"添加"超链接，如图13-46所示。

第2步：进入"编辑自运营模块"页面，选择"店铺优惠券"选项。可以置入详情的头部或者底部，目前仅支持"店铺优惠券"，请确保店铺优惠券已设置成"公开推广"或者"自主推广"。如果没有合适的优惠券，可以马上去添加优惠券，然后单击"下一步"按钮，如图13-47所示。

图13-46 选择"店铺优惠券"模块   图13-47 "编辑自运营模块"页面

第3步：设置商品状态，类目范围，选择想要放置的商品，注意单次批量最多可同步500个商品，选好之后单击"下一步"按钮，如图13-48所示。

第4步：进入确认商品页面，单击"同步"按钮。打开"同步进度"对话框，查看同步进度，同步成功之后单击"关闭"按钮，关联优惠券就设置完成了，如图13-49所示。

图13-48 设置商品状态，类目范围   图13-49 确认商品页面

13.7.3 详情活动海报设置

设置详情活动海报的具体操作步骤如下：

第1步：进入"淘宝神笔"页面，在手淘"自运营模块"选择"店铺活动"模块，单击"添加"超链接，如图13-50所示。

第2步：进入"编辑自运营模块"页面，选择店铺活动，可以置入详情的头部或者底部，请确定店铺活动已成功发布，而非保存，确保店铺活动的图片是否已设置。如果没有合适的活动，您可以马上去创建活动，然后单击"下一步"按钮，如图13-51所示。

图13-50　"店铺活动"模块

图13-51　"编辑自运营模块"页面

第3步：设置商品状态，类目范围，选择想要放置的商品，注意单次批量最多可同步500个商品，选好之后单击"下一步"按钮，如图13-52所示。

第4步：进入"确认宝贝"页面，单击"同步"按钮，弹出"同步进度"对话框。查看同步进度，同步成功之后单击"关闭"按钮，关联活动就设置完成了，如图13-53所示。

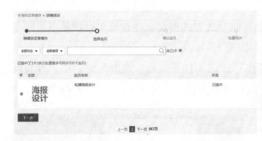

图13-52　设置商品状态，类目范围

图13-53　"确认宝贝"页面

13.8　手机淘宝互动窗口设置

在装修手机端店铺时，设置手机淘宝的互动窗口，可以在与买家沟通过程中为商家提供丰富的互动服务能力。手机淘宝的互动窗口有很多强大的自动回复互动功能。

13.8.1　互动窗口概述

使用千牛客户端，在搜索框搜索"互动服务窗"，进入"互动服务窗设置"页面，在打开的"互动服务窗"页面中找到需要的功能，如图13-54所示。

设计无忧　电商美工Photoshop实战技术

图13-54 "互动服务窗设置"页面

单击下面的加号"+"，可以添加店铺精选、图文卡片、视频卡片、自定义链接、客服专线、买家秀等功能。

添加所需功能后，单击"保存"按钮发布，十分钟内就可以同步到手机淘宝上。

■ 系统自动抓取项：优惠券、猜你喜欢、订单查询、店铺上新。

其中，优惠券抓取的是"公开推广"的优惠券，一定要确保优惠券是这个状态才能被系统抓取成功，否则前台不展示。

■ 需要手动配置项：店铺精选、图文卡片、视频卡片、自定义链接、客服专线、买家秀。

提示 自定义链接可以是店铺内的商品，也可以是 H5 页面等，但如果放的是店铺商品的链接，一定不能放网店店铺 PC 端的链接。

13.8.2 设置图文卡片

设置图文卡片的具体操作步骤如下：

第1步：单击"设置"页面上方的"素材库"选项，单击"图文卡片"进入"卡片列表"页面，如图 13-55 所示。

图13-55 "卡片列表"页面

第2步：在"卡片列表"页面中单击右上角的"新建素材"按钮，如图13-56所示。

图13-56　单击"新建素材"按钮

第3步：进入"新建卡片"页面，在页面右侧的"主图文"中上传图片，图片大小建议大于600像素×360像素，填写标题内容及跳转链接，如需增加副图文则单击"+增加副图文"按钮，左侧可以查看效果预览，设置无误之后单击"确定"按钮，如图13-57所示。

图13-57　设置"新建卡片"页面

第4步：回到"自助菜单"设置页面，在"可添加菜单类型"中单击添加"图文卡片"按钮，如图13-58所示。

图13-58　"自助菜单"设置页面

第5步：在弹出的"添加菜单"对话框中设置"菜单名称"，菜单名称不能多于6个字符，然后选择设置好的图文卡片，单击"添加"即可，完成后单击"保存并发布"，如图13-59所示。

图13-59　设置图文卡片

13.8.3　设置视频卡片

设置视频卡片的具体操作步骤如下：

第1步：单击设置页面上方的"素材库"选项，单击"视频卡片"进入"卡片列表"页面，如图13-60所示。

图13-60　"卡片列表"页面

第2步：在"卡片列表"页面中单击右上角的"新建素材"按钮，如图13-61所示。

图13-61　单击"新建素材"按钮

第3步：进入新建卡片页面，在页面右侧的视频素材项下单击"+"添加视频，如图13-62所示。

图13-62　单击"+"添加视频

第4步：在弹出的"选择视频"对话框中选择需要添加的视频，单击"确定"按钮，需要注意的是，只有订购了"无线视频"商品才能够上传和播放视频，如图13-63所示。

图13-63　选择需要添加的视频

第5步：添加完视频之后在"视频描述"输入框中输入视频描述，左侧可以查看效果预览，确认无误之后单击"保存"按钮，如图13-64所示。

图13-64　输入视频描述

设计无忧 电商美工Photoshop实战技术

第6步：回到"自助菜单"设置页面，在"可添加菜单类型"中单击添加"视频卡片"，如图13-65所示。

图13-65　单击添加"视频卡片"

第7步：在弹出的"添加菜单"对话框中设置"菜单名称"，菜单名称不能多于6个字符，然后选择刚刚设置好的视频卡片，单击"添加"按钮即可，完成后单击"保存并发布"，如图13-66所示。

图13-66　选择视频卡片

13.8.4　设置店铺精选卡片

设置店铺精选卡片的具体操作步骤如下：

第1步：单击设置页面上方的"素材库"字样，单击"店铺精选"进入"卡片列表"页面，如图13-67所示。

第2步：在"卡片列表"页面中单击右上角的"新建素材"按钮，进入"新建卡片"页面，在

图13-67　"卡片列表"页面

页面右侧填写卡片名称。在"选择宝贝"项中单击"+添加宝贝"按钮。在弹出的"选择商品"对话框中选择商品，单击"确定"按钮，单击"保存"按钮，如图13-68所示。

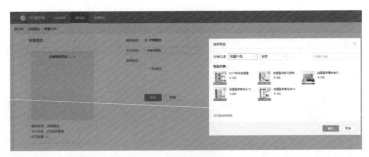

图13-68 新建素材

第3步：回到"自助菜单"设置页面，在"可添加菜单类型"中单击添加"店铺精选"选项，如图13-69所示。

图13-69 "自助菜单"设置页面

第4步：在弹出的"添加菜单"对话框中设置"菜单名称"，菜单名称不能多于6个字符，然后选择刚刚设置好的店铺精选，单击"添加"按钮即可，单击"保存并发布"，如图13-70所示。

图13-70 选择设置好的店铺精选

13.9 手机淘宝海报编辑与发布

手机海报是淘宝店铺用于品牌展示、活动推广、客户互动的宣传推广工具，相信大家都会在手机微信中看到许多H5页面，它们不仅能帮助淘宝卖家达到营销效果，还能给众多用户一种炫酷、美观的视觉享受。下面将介绍手机端海报的编辑与发布方法。

13.9.1 选择手机海报模板

选择手机海报模板的具体操作步骤如下:

第1步:进入"无线运营中心"页面,在左侧栏无线店铺中选择"手机海报"选项,进入"手机海报模板"页面,在打开的页面右上角单击"管理我的模板"链接,如图13-71所示。

图13-71 手机海报模板页面

第2步:进入"我的活动"页面,如果之前创建过手机海报,那之前的海报都会出现在这里,如需创建新的海报,则单击页面左侧的"模板市场"创建海报选项上面的"+",如图13-72所示。

图13-72 "我的活动"页面

第3步:进入手机海报模板市场页面,然后根据海报类型选择合适的海报模板,鼠标指针移到相应的模板上会弹出"预览"和"使用"按钮,单击"预览"按钮,查看海报效果,如图13-73所示。

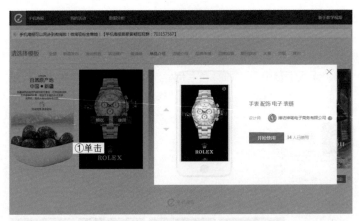

图13-73 "手机海报模板市场"页面

13.9.2 编辑手机海报

编辑手机海报的具体操作步骤如下：

第1步：在模板上单击"开始使用"按钮，进入"手机海报模板编辑"页面，页面最左侧为海报预览页面，可以调整海报的顺序，删除、添加页面，单击右下角的"提示"按钮，显示出所有的工具提示，如图13-74所示。

图13-74 手机海报模板编辑页面

第2步：在"专家端"板块下单击背景音乐后面的图标，在弹出的添加音乐窗口中找到合适的音乐，单击"播放"按钮试听，然后单击音乐后面的"选择这首"按钮，如图13-75所示。

图13-75 设置项目名称、背景音乐

第3步：设置背景颜色和背景图，单击"更换背景图片"，在弹出的"选择图片"对话框中选择上传好的背景图片，背景图片推荐尺寸为640像素×1136像素，如图13-76所示。

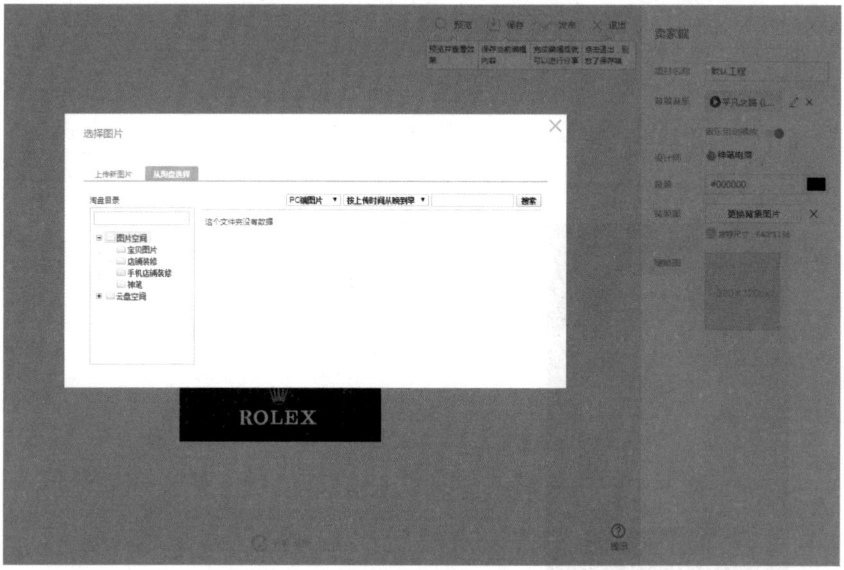

图13-76 设置背景颜色和背景图

第4步：单击"更换"缩略图，在弹出的"选择图片"对话框中选择上传好的缩略图，缩略图尺寸为320像素×320像素。

第5步：单击页面中的图片，在右侧的"图片"窗口中可以更换、编辑图片，设置图片的遮罩效果，调整图片的位置、大小、角度，如图13-77所示。

图13-77　编辑图片

第6步：单击"编辑动效"按钮，在展开的"动效"列表中为图片选择合适的动态效果，设置动效的时长、延时，如图 13-78 所示。

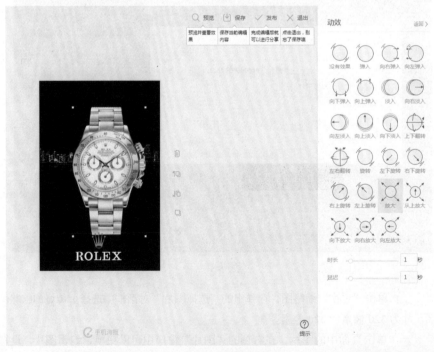

图13-78　编辑图片动效